QUELQUES
DISSECTIONS D'ANATOMIE

317°

A LA MÊME LIBRAIRIE

Précis de Dissection, par P. Poirier, professeur d'anatomie à la Faculté de médecine de Paris, membre de l'Académie de médecine, et Amédée Baumgartner, ancien prosecteur à la Faculté de médecine de Paris, chirurgien des hôpitaux. *Deuxième édition revue et augmentée.* 1 vol. petit in-8, de XXIII-360 pages, de la *Collection de Précis Médicaux*, avec 241 figures dans le texte, cartonné toile souple . . . . 8 fr.

Abrégé d'anatomie, par P. Poirier, professeur d'anatomie à la Faculté de médecine de Paris, A. Charpy, professeur d'anatomie à la Faculté de médecine de Toulouse, B. Cunéo, professeur agrégé à la Faculté de médecine de Paris. 3 volumes gr. in-8 d'ensemble 1620 pages, illustrés de 976 figures dans le texte en noir et en couleurs, reliés toile, tête rouge . . . . 50 fr.

Reliure spéciale, dos maroquin . . . . 55 fr.

Traité d'Anatomie humaine publié par Paul Poirier, professeur d'anatomie à la Faculté de médecine de Paris, et A. Charpy, professeur d'anatomie à la Faculté de médecine de Toulouse, avec la collaboration de MM. Amoédo, Branca, Cannieu, B. Cunéo, A. Druault, Paul Delbet, G. Delamare, P. Fredet, Glantenay, Gosset, M. Guibé, P. Jacques, Th. Jonnesco, E. Laguesse, L. Manouvrier, M. Motais, A. Nicolas, P. Nobécourt, O. Pasteau, M. Picou, A. Prenant, H. Rieffel, Ch. Simon, A. Soulié. 5 forts volumes grand in-8, d'ensemble 5900 pages avec 3750 figures, la plupart tirées en plusieurs couleurs, d'après les dessins originaux de Ed. Cuyer et A. Leuba. *Ouvrage complet* . . 160 fr.

La Pratique des Autopsies, par M. Letulle, professeur agrégé, médecin de l'hôpital Boucicaut. 1 vol. in-8 avec 136 figures dessinées d'après nature par G. Reignier, et une couverture de P.-M. Roty. Broché, 10 fr. Cartonné à l'anglaise . . . . 12 fr.

4910. — Imprimerie Lahure, 9, rue de Fleurus, à Paris.

Quelques

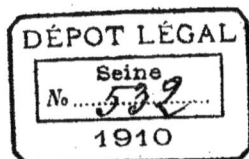

Dissections d'Anatomie

PAR

PAUL HALLOPEAU

Ancien prosecteur
à la Faculté de Médecine de Paris,
Chef de Clinique chirurgicale.

EUGÈNE DOUAY

Aide d'Anatomie
à la Faculté de Médecine de Paris,
Interne des Hôpitaux.

AVEC 55 PLANCHES EN NOIR ET EN COULEUR

MASSON ET Cᴵᴱ, ÉDITEURS

LIBRAIRES DE L'ACADÉMIE DE MÉDECINE

120, BOULEVARD SAINT-GERMAIN, PARIS (VIᵉ)

1910

QUELQUES
DISSECTIONS D'ANATOMIE

PAUME DE LA MAIN

Avant de tracer les incisions cutanées, la paume de la main doit être étalée aussi largement que possible, pour bien exposer sa face antérieure et pour tendre les organes qu'elle renferme. On la fixera donc sur une planche, en supination forcée, au moyen de pointes perforant les phalangettes ou plus simplement les parties molles de l'extrémité des doigts; on évitera de perforer le pouce; il suffit qu'il soit maintenu en abduction par une pointe obliquement plantée; la liberté qu'on lui laisse ainsi facilitera la dissection de l'éminence thénar.

Les incisions seront tracées comme l'indique la figure et avec légèreté pour n'intéresser *que la peau*; il faudra surtout être prudent pour l'incision transversale inférieure, afin de ne pas couper les nerfs collatéraux devenus très superficiels.

Remarquons que cette incision inférieure, dans son segment externe, passe juste sur la commissure pour croiser ensuite obliquement la face antérieure du pouce : on obtient ainsi un grand lambeau externe

Nota. — Nous avons sacrifié de parti pris, dans cette préparation comme dans plusieurs autres, la dissection des artères, pour les raisons suivantes: la première est que nous ne voulions pas encombrer nos figures; d'autre part, une dissection « utile » des artères de la main nécessite leur injection, élément qui manque habituellement pour une préparation extemporanée; enfin la disposition des artères principales est assez semblable à celle des nerfs pour que ceux-ci puissent servir de guides dans une dissection complète.

que l'on peut relever d'un seul tenant. Enfin l'incision verticale n'est pas médiane, mais reportée *un peu en dedans*, pour permettre la conservation du filet palmaire du médian.

. Sous chacun des deux lambeaux ainsi dessinés, nous avons donc un organe à ménager : le filet du médian en dehors, le petit muscle palmaire cutané en dedans.

Le filet du médian perfore en général l'aponévrose au point où elle naît de l'épanouissement du tendon du petit palmaire, et immédiatement au-dessous de l'expansion que détache celui-ci vers le court abducteur du pouce. C'est là qu'il faut se diriger tout d'abord, en suivant le tendon de haut en bas, et l'on isolera rapidement les filets du petit nerf à mesure que l'on relèvera la peau vers le bord externe du pouce. De ce côté, il n'y a *rien d'autre* à ménager, et il faut de suite arriver sur le plan aponévrotique, qui devient mince sur l'éminence thénar et laisse voir les muscles par transparence.

Relevez au contraire avec précaution le lambeau interne; sous son extrémité supérieure, affleurant le relief du pisiforme, s'étend un petit muscle à fibres grêles, dirigées obliquement de haut en bas et surtout de dehors en dedans vers le bord interne de la main : ici il s'insère à la face profonde de la peau : prenez donc garde à ce moment de pousser trop loin le relèvement du lambeau, car vous couperiez ces insertions; mais aussitôt les fibres charnues disséquées par leur face superficielle, sectionnez en dehors leur insertion sur l'aponévrose palmaire et relevez-les doucement *jusqu'en leur milieu.* Allez ensuite découvrir, au bord radial du pisiforme, le nerf cubital, en coupant verticalement les fibres du ligament annulaire qui passent à sa surface; de la face antérieure ou du bord interne du nerf, vous voyez aussitôt se détacher un rameau épais d'un millimètre environ qui gagne la partie moyenne du muscle palmaire cutané et qui, tout en lui détachant quelques minces filets, traverse les fibres charnues pour gagner la peau du bord interne de la main. Ce filet naît du cubital trop près du muscle pour permettre de le rejeter avec la peau : il faudra donc l'isoler sur un ou deux centimètres du tronc nerveux; on obtient ainsi le jeu suffisant pour achever de relever le muscle.

PLANCHE I.

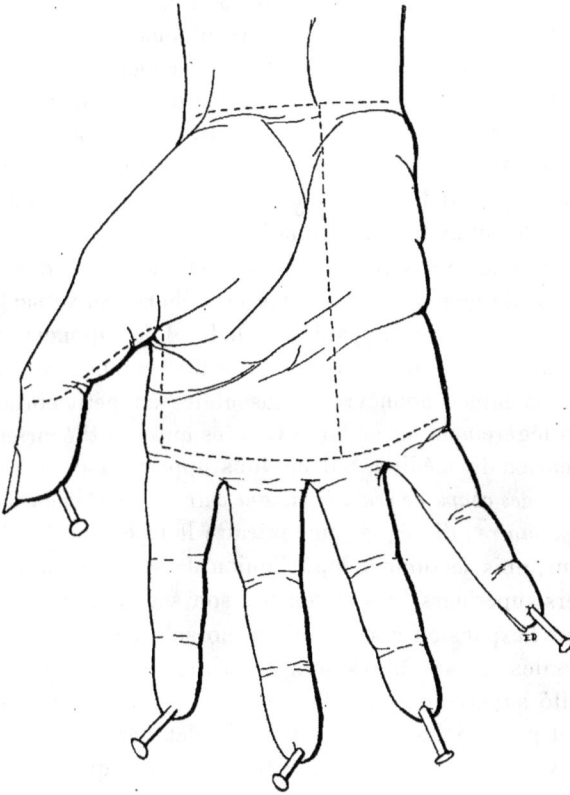

TRACÉ DES INCISIONS CUTANÉES.

palmaire cutané et pour le renverser en dedans, avec la peau.

Du cubital encore et juste au-dessous de ce filet, naît un rameau plus important et visible aussi de suite : c'est le nerf collatéral interne du petit doigt : il faut le disséquer immédiatement, car de son côté interne naît une série de filets destinés au bord interne de la main ; il faut les suivre un peu pour achever de relever le lambeau cutané et découvrir complètement l'éminence hypothénar.

Mais avant d'aborder celle-ci il faut disséquer les nerfs superficiels provenant du cubital et du médian, et ce dernier passe sous le ligament annulaire dont la section va devenir indispensable. Toutefois, il vaut mieux ne la faire *qu'après dissection de l'éminence thénar* pour éviter un trop grand relâchement des muscles qui la composent, car certains se fixent au ligament annulaire.

Revenez donc vers le bord externe de la main ; le lambeau, muni du filet cutané du médian a été rejeté en dehors. Au versant interne de l'éminence thénar, s'échappant sous le bord de l'aponévrose palmaire et à 15 ou 20ᵐᵐ du point où sortait le filet cutané, tâchez d'apercevoir sous la mince aponévrose musculaire un petit cordon blanc, à direction légèrement ascendante vers les muscles thénariens : c'est le filet thénarien du médian. S'il ne vous apparaît pas, *évitez de donner en ce point des coups de scalpel passant entre le court abducteur et l'apo-névrose palmaire* : disséquez au contraire la face superficielle du court abducteur, puis sectionnez-le, à l'union de son tiers inférieur et des deux tiers supérieurs ; rejetez en bas son segment inférieur, dénudez de ce côté l'expansion aponévrotique dorsale en dégageant ses fibres transversales et ses fibres longitudinales ; puis relevez lentement l'extrémité supérieure pour la voir retenue au niveau de son bord interne et près de l'insertion par son filet nerveux : en remontant ce filet vous trouvez le rameau thénarien presque de suite ; en le descendant vous dégagez ses riches terminaisons musculaires.

Sous le court abducteur tâchez d'isoler les deux plans de l'opposant et suivez aussi le filet nerveux provenant du rameau thénarien ; laissez pour le moment le filet du court fléchisseur.

Sectionnez verticalement le ligament annulaire, sur le médian

PLANCHE II.

Long abd. du pouce

Fil. cutané du médian

Ct fléch. du pouce

N. cubital

Tend. du p. palm.

M. palm. cut.

N. thénarien

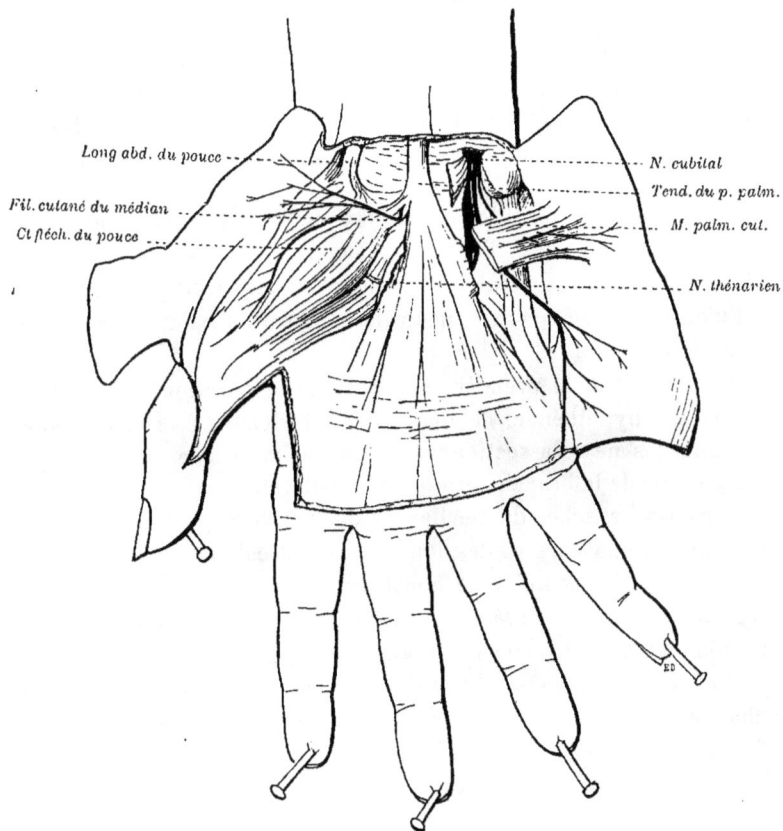

PLAN SOUS-CUTANÉ DE LA PAUME.

même; dégagez le tronc nerveux aplati et parfois déjà bifurqué et soulevez-le sur une sonde en même temps que le cubital. Puis, *à longs
coups de scalpel*, fendez les gaines celluleuses des nerfs collatéraux
bien tendus et dégagez chacun d'eux de sa gaine, *sans vous soucier de
l'aponévrose palmaire* ni des vaisseaux. Prenez garde à ménager, vers
la partie supérieure des branches de division, les rameaux collatéraux qui peuvent s'en détacher, en particulier l'anastomose entre le
médian et le cubital, qui suit d'ordinaire le bord inférieur de l'arcade
palmaire superficielle. Pour la mieux dégager, il est bon d'écarter
légèrement l'un de l'autre le cubital et le médian au moyen d'érignes
peu tendues.

On reconnaît aussi les filets des deux premiers lombricaux :
disséquez-les de suite. Tous ces rameaux nerveux doivent être complètement isolés sur toute leur longueur; les débris de leur gaine
celluleuse, de l'aponévrose, des vaisseaux seront enlevés un peu plus
tard, *en masse*.

Achevez enfin la première partie de la préparation en disséquant
l'éminence hypothénar; l'abducteur sera fortement écarté, mais aucun
des muscles ne sera sectionné. Suivez, au milieu de leurs fibres, les
nerfs venus de la branche profonde du cubital.

Sous les branches du médian et du cubital se trouve le plan des
tendons fléchisseurs et des lombricaux. Il est *impossible*, dans une
préparation d'ensemble, de conserver les tendons qui masquent la
région interosseuse. Il faut donc les sacrifier; au contraire on gardera
les lombricaux, avec leur innervation.

Pour cela sectionnez d'abord, assez bas, à la racine du doigt,
chaque tendon fléchisseur superficiel; relevez-les tous quatre en les
faisant glisser sous le plan des nerfs et coupez-les en haut au ras de
la peau, pour éviter l'aspect peu élégant que présenterait leur conservation.

Coupez ensuite les tendons profonds, en bas d'abord, et à un niveau
un peu plus élevé que les tendons superficiels; dégagez-les des débris
de leur gaîne synoviale; avec des ciseaux coupez-les *immédiatement
au-dessous du point où ils donnent naissance aux lombricaux* : par cet

PLANCHE III.

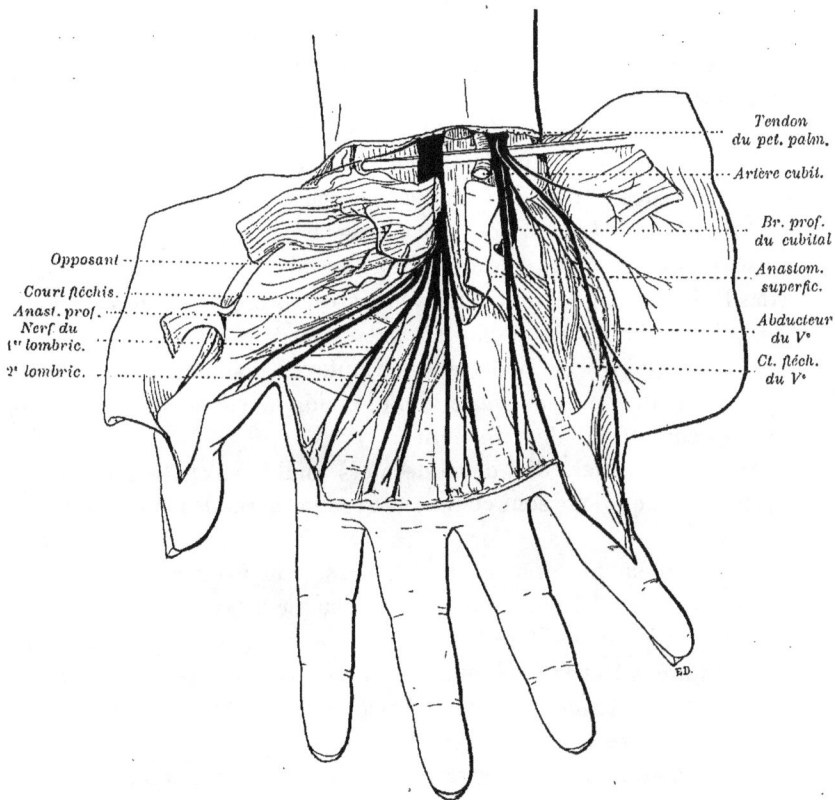

Opposant

Court fléchis.
Anast. prof.
Nerf du
1" lombric.

2' lombric.

Tendon
du pet. palm.

Artère cubit.

Br. prof.
du cubital

Anastom.
superfic.

Abducteur
du V°

Ct. fléch.
du V

ÉMINENCE THÉNAR ET NERFS SUPERFICIELS.

artifice vous conservez les deux insertions, supérieure et inférieure, de ces petits muscles; et pourtant, grâce à leur sinuosité qui les fait plus longs que les tendons, ils ne forment qu'un plan facilement mobilisable dans le sens latéral et que les érignes écarteront alternativement à droite ou à gauche pour vous permettre d'aborder les interosseux. Ajoutons que le montage de la préparation sera ainsi très simplifié. Coupez enfin aùx points correspondants le tendon du long fléchisseur du pouce.

Écartez vers le bord radial de la main le dernier lombrical ; soulevez la branche profonde du cubital au point où elle disparaît dans les insertions supérieures de l'éminence hypothénar : vous faites ainsi *saillir cette même branche sous l'aponévrose profonde*, au delà du tunnel musculo-fibreux, là où elle forme une arcade à convexité inférieure; vous la dégagez en sectionnant l'aponévrose profonde au-dessus d'elle (vers l'avant-bras), sur le carpe : *prenez garde à ménager en effet les nombreux filets nés de la convexité.* Employez maintenant, et jusqu'à la fin, un scalpel à *lame courte*, dont le talon ne vienne pas couper les organes superficiels déjà disséqués.

Dégagez les filets des deux derniers lombricaux; ils naissent de petits troncs qui leur sont communs avec les nerfs des derniers interosseux.

Pour facilement séparer ces derniers, coupez verticalement, au niveau des articulations métacarpo-phalangiennes et juste au milieu de chaque espace, les fibres transversales qui palment la main : aussitôt ce plan fibreux traversé, les métacarpiens s'écartent et vous voyez de chaque côté les tendons des interosseux et des lombricaux contournant le flanc de l'articulation pour se porter vers la face dorsale : remontez entre les interosseux et séparez les palmaires des dorsaux; disséquez leurs filets nerveux, très grêles. Nettoyez en bas, au-dessus des tendons sectionnés, la face antérieure des métacarpiens, jusqu'au point où vous la voyez disparaître sous les fibres charnues des interosseux.

Faites tout ce travail du bord cubital vers le bord radial; à partir du médius, parfois de l'annulaire, vous êtes arrêté plus ou moins par l'adducteur du pouce : disséquez ce muscle, par sa face superficielle

PLANCHE IV.

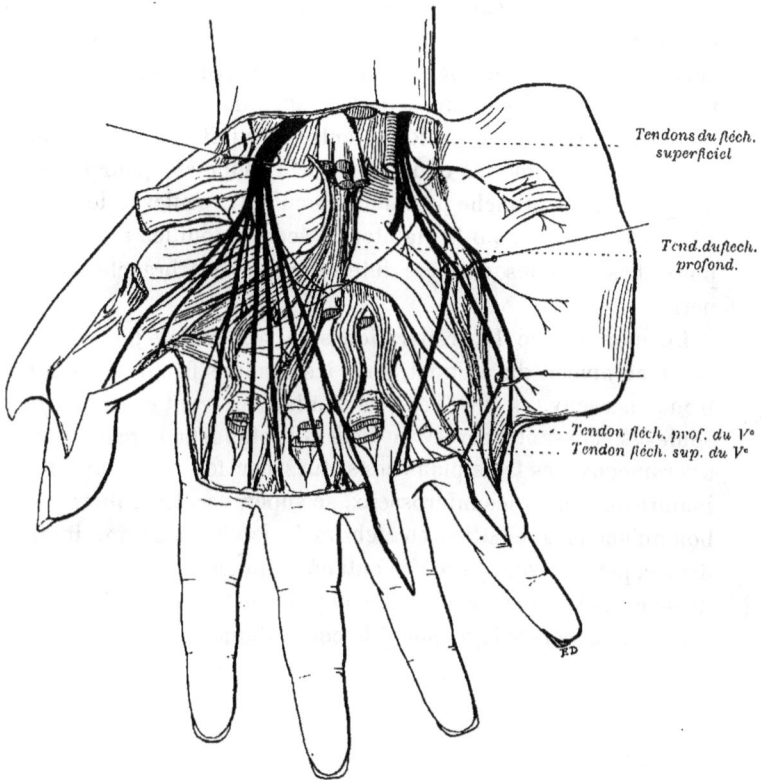

Tendons du fléch.
superficiel

Tend. du fléch.
profond.

Tendon fléch. prof. du Vᵉ
Tendon fléch. sup. du Vᵉ

SECTION DES TENDONS FLÉCHISSEURS.

et par sa face profonde : à la face superficielle, devant les fibres les plus externes du chef carpien, vous voyez, à travers la mince aponévrose, cheminer un petit filet nerveux, *presque transversal, qui semble émerger du muscle* : vous reconnaîtrez tout à l'heure qu'il provient de la branche profonde du cubital; libérez-le en soulevant le muscle de ce côté; à son extrémité externe, il se subdivise, innerve le faisceau profond du court fléchisseur du pouce, et s'unit par une ou plusieurs anastomoses avec des filets venus des nerfs collatéraux du pouce : ces fins rameaux, qui passent sous le tendon du long fléchisseur, constituent une anastomose profonde entre le cubital et le médian. Séparez le plus possible les deux chefs de l'adducteur pour suivre la terminaison de la branche profonde du cubital; soulevez le pouce en le dégageant du clou qui le maintenait écarté : fouillez sous l'adducteur pour disséquer les derniers interosseux et les branches ultimes du nerf.

Le montage de la préparation sera très simple : un seul arceau passé au niveau du poignet, sous les tendons fléchisseurs et les deux troncs nerveux, va y suffire : les lombricaux vont être ainsi tendus et soulevés, laissant apercevoir dans la profondeur l'arcade nerveuse et ses rameaux; les trois plans constitués par les nerfs superficiels, les lombricaux, enfin les interosseux, se superposent régulièrement. Il est bon qu'une érigne attire en dehors le lambeau cutané interne pour fixer le petit muscle palmaire cutané et qu'un autre crochet sépare les muscles de l'éminence hypothénar; du côté externe, il suffit au contraire de renverser légèrement le court abducteur sans le fixer.

PLANCHE V.

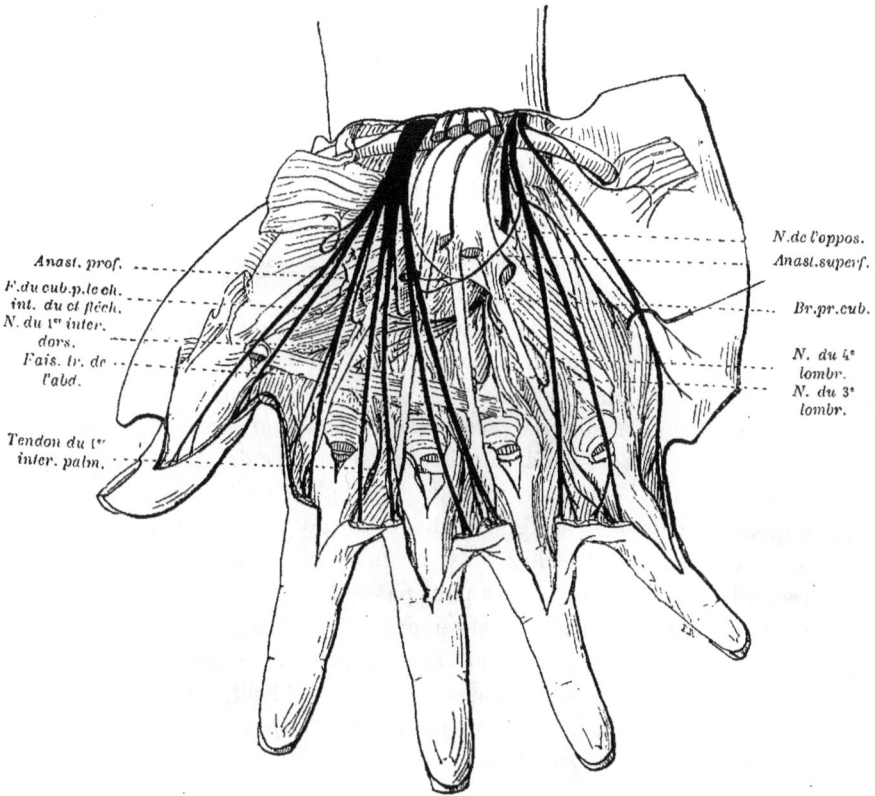

N.de l'oppos.
Anast.superf.

Anast. prof.

Br.pr.cub.

F'.du cub.p.le ch.
int. du ct fléch.
N. du 1ᵉʳ inter.
dors.
Fais. tr. de
l'abd.

N. du 4ᵉ
lombr.
N. du 3ᵉ
lombr.

Tendon du 1ᵉʳ
inter. palm.

MONTAGE DE LA PRÉPARATION LAISSANT VOIR LES PLANS PROFONDS.

CREUX DE L'AISSELLE

Placez le membre supérieur en abduction à 45 degrés au moins ; pour le soutenir, car il ne faut pas que son poids fasse basculer le moignon de l'épaule, engagez sous le tronc du sujet une planche qui s'avancera sous le membre.

Faites une incision cutanée passant au niveau du bord inférieur de la clavicule dans toute son étendue ; puis, en partant de l'articulation acromio-claviculaire, descendez en suivant exactement l'axe du bras jusqu'au delà de son tiers supérieur, dépassant ainsi de quelques centimètres le bord inférieur de l'aisselle ; d'autre part, reprenez l'incision sous l'extrémité interne de la clavicule et descendez en gagnant rapidement la ligne médiane, ou mieux *en restant à 1 centimètre en dehors d'elle* ; allez ainsi jusqu'au niveau du mamelon, puis recourbez l'incision en dehors pour passer à deux bons travers de doigt au-dessous de lui ; terminez en remontant un peu sur la ligne axillaire postérieure. Que l'incision intéresse la peau et l'aponévrose, mais rappelez-vous qu'elles sont assez minces. En haut, il faut traverser, entre ces deux plans, les fibres inférieures du peaucier, mais le tout ne forme pas une couche bien épaisse.

PLANCHE I.

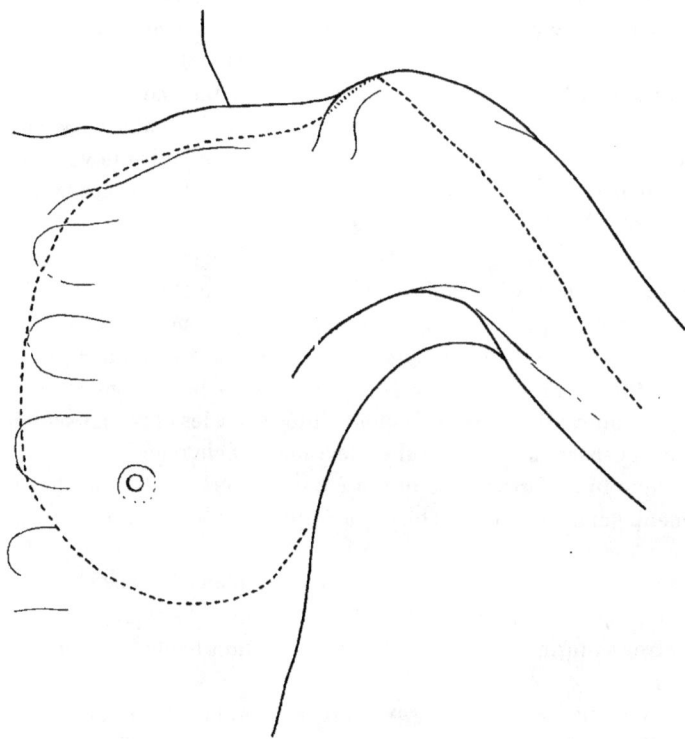

TRACÉ DE L'INCISION CUTANÉE.

Relevez le large lambeau ainsi dessiné, en vous appliquant à ce que les coups de scalpel *restent parallèles aux fibres du grand pectoral* que vous allez découvrir dans toute son étendue. Pour être à votre main, il faut donc commencer par en bas à droite, par la portion brachiale au contraire à gauche. Que vos coups de scalpel, très allongés, *allant d'un bout à l'autre du muscle*, restent toujours au contact de la fibre charnue sur laquelle il ne doit plus rester un fragment d'aponévrose lorsque le lambeau est relevé : non seulement vous irez plus vite en dénudant ainsi complètement le muscle du premier coup, mais c'est aussi de cette manière que sa surface restera nette; enfin vous n'avez pas à craindre de sectionner les fibres charnues, puisque vous avez soin de leur rester exactement parallèle en inclinant à mesure la direction de votre lame.

Du côté gauche ce n'est pas sur le pectoral même que vous tombez d'abord, mais sur le deltoïde : découvrez-le exactement de même, dans la portion qui se présente à vous, jusqu'à son bord antérieur. Prenez garde ici, néanmoins, *à ne pas sectionner la veine céphalique* qui, tantôt se présente avec évidence et sera facilement ménagée, tantôt au contraire est profondément située entre les fibres musculaires limitant l'espace delto-pectoral et devra être recherchée.

Lorsque tout le grand pectoral a été découvert, sectionnez-le verticalement dans sa partie externe, à 5 ou 6 centimètres de sa terminaison; incisez de la superficie à la profondeur, jusqu'à ce que toute l'épaisseur du muscle soit traversée et que le plan celluleux sous-jacent apparaisse. Relevez immédiatement son tendon et disséquez-le de façon à montrer sa forme en portefeuille et l'insertion haute des fibres inférieures.

Puis commencez à relever, avec précaution, la portion principale et *d'abord en haut*, car c'est là que vous trouverez le nerf et la grosse branche de l'acromio-thoracique destinée au grand pectoral. Souvent le nerf est déjà subdivisé et vous en trouverez un premier filet, destiné au chef claviculaire, passant au-dessus de l'artère axillaire, tandis que les autres passeront au-dessous. Il faut disséquer avec soin et très loin tous les rameaux vasculaires et nerveux, en les suivant dans

PLANCHE II.

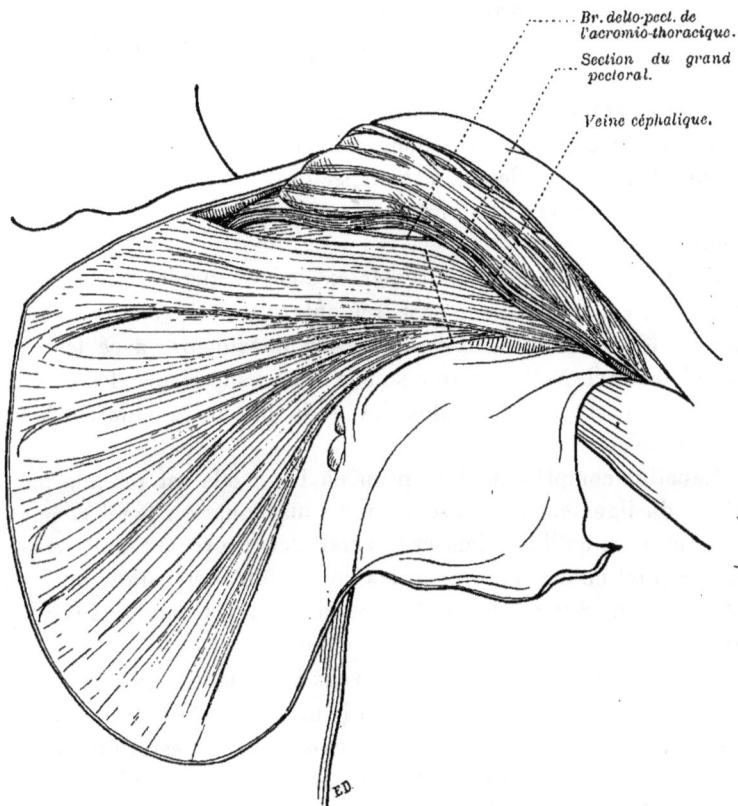

Br. delto-pect. de
l'acromio-thoracique.

Section du grand
pectoral.

Veine céphalique.

MUSCLE GRAND PECTORAL APRÈS DISSECTION DU LAMBEAU CUTANÉ.

le muscle avec patience, de façon à pouvoir relever celui-ci ; si bien qu'après avoir paru impossible au début, tant les organes semblaient courts, ce renversement se fait progressivement et *même facilement lorsque la dissection a été suffisamment poussée.* Vers la partie inférieure vous verrez sortir, de la face antérieure du petit pectoral, un ou deux filets assez grêles : ce sont des branches perforantes du nerf du petit pectoral aboutissant au grand pectoral.

Une fois celui-ci complètement disséqué à sa face profonde, débarrassez rapidement de son aponévrose, comme vous avez fait tout à l'heure, la face superficielle du petit pectoral et sectionnez celui-ci à son tour, à deux travers de doigt environ de son insertion sur la coracoïde.

Il est plus aisé de le renverser en dedans que le grand pectoral ; isolez ses vaisseaux et son nerf ; remontez vers l'origine de celui-ci et tâchez de mettre bien en évidence son anastomose avec le nerf du grand pectoral. Nettoyez avec soin la région supérieure, les vaisseaux axillaires et la partie la plus élevée du plexus brachial ; dégagez-les jusque sous la clavicule.

Rabattez complètement la peau en bas : elle est retenue par les fibres du ligament suspenseur, que vous couperez haut, et par des filets nerveux qu'il faut laisser intacts, filets provenant de l'accessoire du brachial cutané interne et des perforants intercostaux anastomosés avec lui. Sur ces nerfs et entre eux sont des ganglions lymphatiques plus ou moins gros : vous les enlèverez.

Disséquez le paquet vasculo-nerveux en commençant par sa partie externe : vous rencontrerez d'abord le nerf musculo-cutané et les filets qu'il donne au coraco-brachial *avant de le perforer,* c'est-à-dire *très haut ;* les vaisseaux circonflexes antérieurs, le nerf médian qui de lui-même quitte le bord externe de l'artère pour se placer en dedans, ce qui vous permet de suivre jusqu'en bas l'artère axillaire ; puis le cubital et le brachial cutané interne.

Que des érignes attirent tour à tour en dedans et en dehors les divers cordons pour vous permettre de passer maintenant au plan sous-jacent : vous arriverez ainsi sur l'artère scapulaire inférieure qui

PLANCHE III.

Veine axillaire.

N. du gr. pect. (br. sup.).

N. du gr. pect. (br. inf.).

Art. acromio-thoracique.

Ram. deltoïdiens.

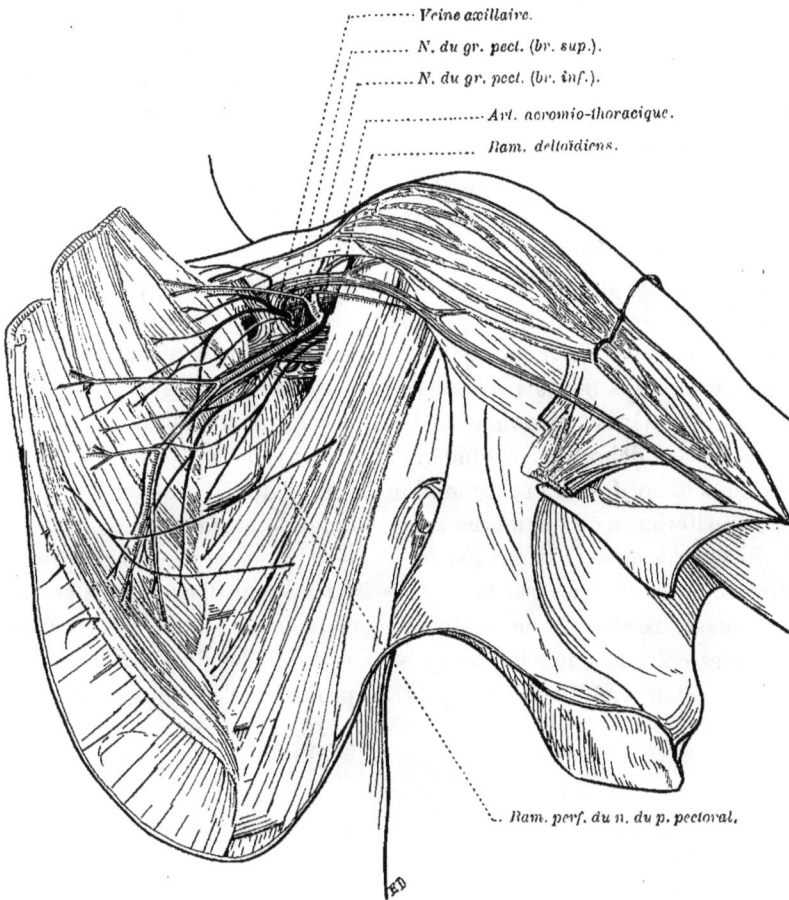

Ram. perf. du n. du p. pectoral.

VAISSEAUX ET NERFS DU GRAND PECTORAL; PETIT PECTORAL.

contourne en dedans le radial avant de se diviser pour fournir au sous-scapulaire, au grand rond, au grand dorsal, et plonger plus loin dans le triangle limité par les insertions scapulaires des muscles ronds et la longue portion du triceps. A côté d'elle des rameaux nerveux assez volumineux gagnent le grand dorsal et le grand rond; ce dernier muscle reçoit aussi un filet du nerf inférieur du sous-scapulaire.

Plus en dedans, enfin, disséquez les digitations du grand dentelé; en avant d'elles, descend contre la paroi thoracique un nerf important qui détache pour chaque digitation un mince filet : c'est le nerf grand respiratoire de Charles Bell; parallèles et antérieurs, descendent les vaisseaux mammaires externes.

Enfin, dans la profondeur, rejetez fortement le paquet vasculo-nerveux en dehors et disséquez l'artère circonflexe postérieure et le nerf circonflexe. Suivez-les dans le quadrilatère de Velpeau dont vous reconnaîtrez les bords : grand rond, petit rond, longue portion du triceps, humérus ; reconnaissez l'origine du radial; allez le retrouver plus bas, en dehors et profondément par rapport à l'artère, lorsqu'il va, sous le bord inférieur du tendon du grand dorsal, s'engager sous la face postérieure de l'humérus avec l'humérale profonde.

Si votre temps n'est pas limité, la préparation gagnera beaucoup à être en outre attaquée *par la voie postérieure*, pour disséquer de ce côté les vaisseaux et nerfs circonflexes, l'artère scapulaire inférieure et les muscles entre lesquels ces organes s'engagent; les divers plans seront mieux éclairés et donneront plus de profondeur et de netteté à l'ensemble.

PLANCHE IV.

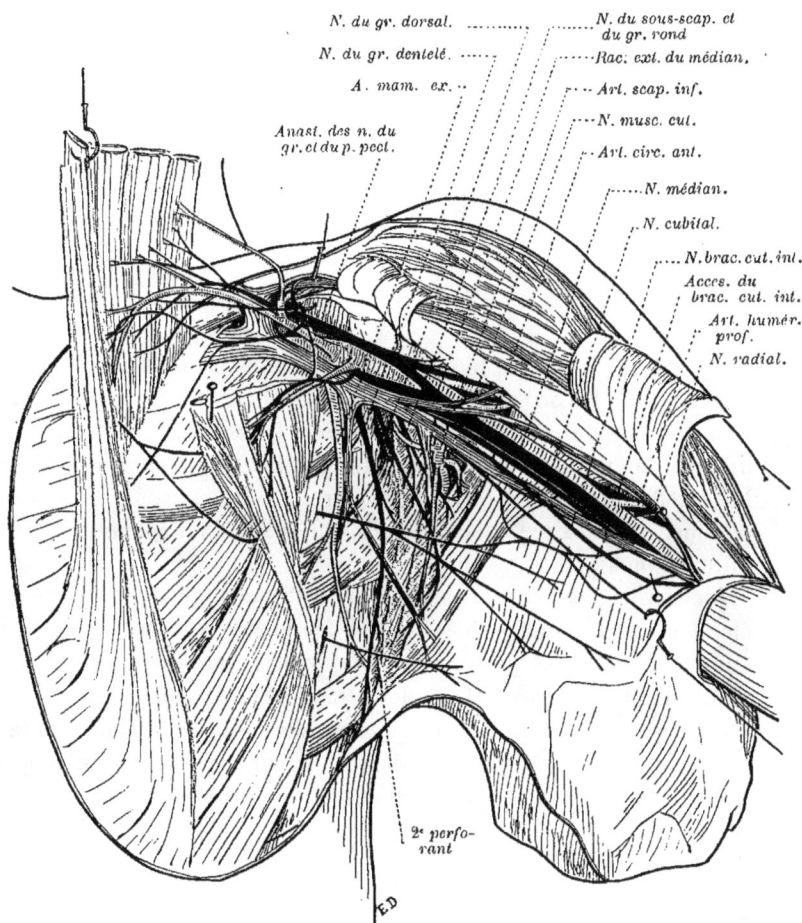

N. du gr. dorsal. ⋯⋯⋯
N. du gr. dentelé. ⋯⋯
A. mam. ex. ⋯
Anast. des n. du gr. et du p. pect.
N. du sous-scap. et du gr. rond
Rac. ext. du médian.
Art. scap. inf.
N. musc. cut.
Art. circ. ant.
N. médian.
N. cubital.
N. brac. cut. int.
Acces. du brac. cut. int.
Art. humér. prof.
N. radial.
2ᵉ perforant
E.D

CREUX DE L'AISSELLE AVEC SES PLANS PROFONDS.

MUSCLES ET NERFS DE LA PLANTE DU PIED

Pour disséquer cette région dans de bonnes conditions, il faut que la plante du pied se présente le talon tourné en haut; il faut aussi que tous les organes soient *fortement tendus*; faites donc reposer le cou-de-pied sur un billot; puis avec des pointes ou une ficelle entourant les orteils extrêmes, forcez l'extension de ceux-ci : on voit alors se dessiner sous les téguments la saillie allongée de l'aponévrose plantaire moyenne.

Incisez la peau en suivant le bord-externe du pied dans toute son étendue; passez derrière le talon, à 1 centimètre environ au-dessus de l'union de ses faces postérieure et inférieure; montez ensuite vers la malléole interne, mais restez à deux travers de doigt au-dessous d'elle; rejoignez obliquement le bord interne du pied, à l'union de la face plantaire et poussez jusqu'au delà de la première phalange du gros orteil. L'incision ne doit entamer *que la peau sur les bords* du pied.

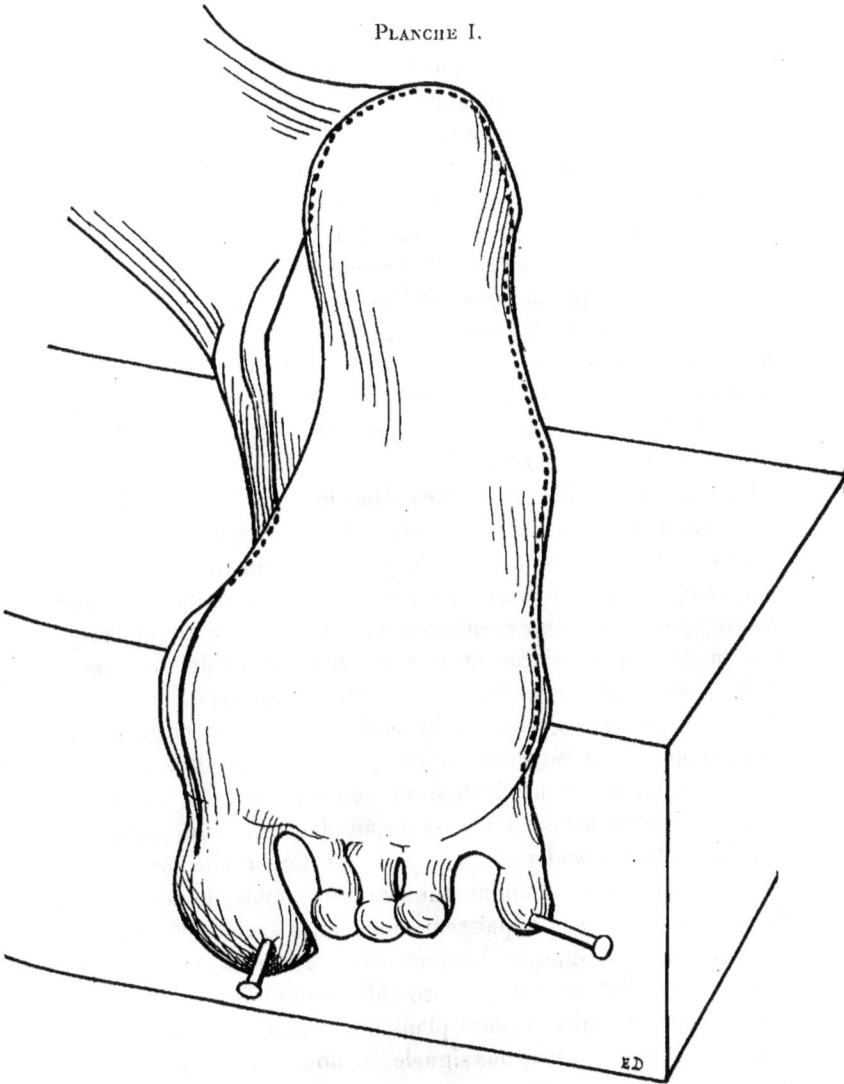

TRACÉ DE L'INCISION CUTANÉE.
(En pointillé les parties du tracé qui seraient vues par transparence.)

En arrière, au contraire, allez tout de suite *sentir le contact du cal-*
canéum et commencez en ce point le relèvement du lambeau cutané :
vous apercevez aussitôt, en suivant la face inférieure de l'os, l'insertion de l'aponévrose plantaire : vous allez suivre sa surface de tout
près. Sacrifiez donc le rameau calcanéen du nerf tibial postérieur
qu'il serait très long de chercher à conserver. Dénudez l'aponévrose
sur toute la largeur du pied, en décollant l'épaisse semelle graisseuse
qui double la peau, *jusqu'au milieu de la plante*. A partir de ce moment,
ne relevez plus que la peau sur les côtés, car il y a des nerfs qui
deviennent superficiels; sur la région médiane, au contraire, vous
pouvez rester au contact de l'aponévrose jusqu'au point où vous voyez
celle-ci s'épanouir en ses languettes terminales : rapprochez-vous
alors de la face profonde de la peau que vous relèverez jusqu'au
niveau de la base des orteils.

Commencez la dissection des muscles par le court fléchisseur
commun. Pour l'aborder, saisissez avec la pince l'aponévrose qui le
recouvre et qui forme une saillie plus forte dans la région médiane;
coupez-la transversalement, un peu en avant du milieu du pied; *ne*
dépassez pas surtout cette aponévrose moyenne sur les côtés et n'empiétez
pas sur les loges externe ou interne : il y a là, en dehors comme en
dedans, *un véritable épanouissement nerveux*, correspondant à chacun
des nerfs plantaires, situé juste sous l'aponévrose correspondante.
Sous l'aponévrose moyenne sectionnée, soulevez encore avec la pince
les faisceaux du court fléchisseur commun, où déjà se voient les
tendons, et coupez-les : arrêtez-vous au plan celluleux sous-jacent.

Il faut relever *simultanément* la partie postérieure de l'aponévrose et
le court fléchisseur commun qui s'y insère : mais, du côté interne, le
long du muscle, dans l'épaisseur de la cloison intermusculaire, passe
le nerf plantaire interne donnant divers rameaux qui se détachent
transversalement et qui sont ordinairement difficiles à voir; du côté
externe, au contraire, le nerf plantaire externe, au-dessus de l'épanouissement que nous avons signalé, ne donne pas de branches collatérales et s'enfonce obliquement sous le court fléchisseur commun.
Incisez donc sans crainte *sur le bord externe* de ce muscle, entre lui et

PLANCHE II.

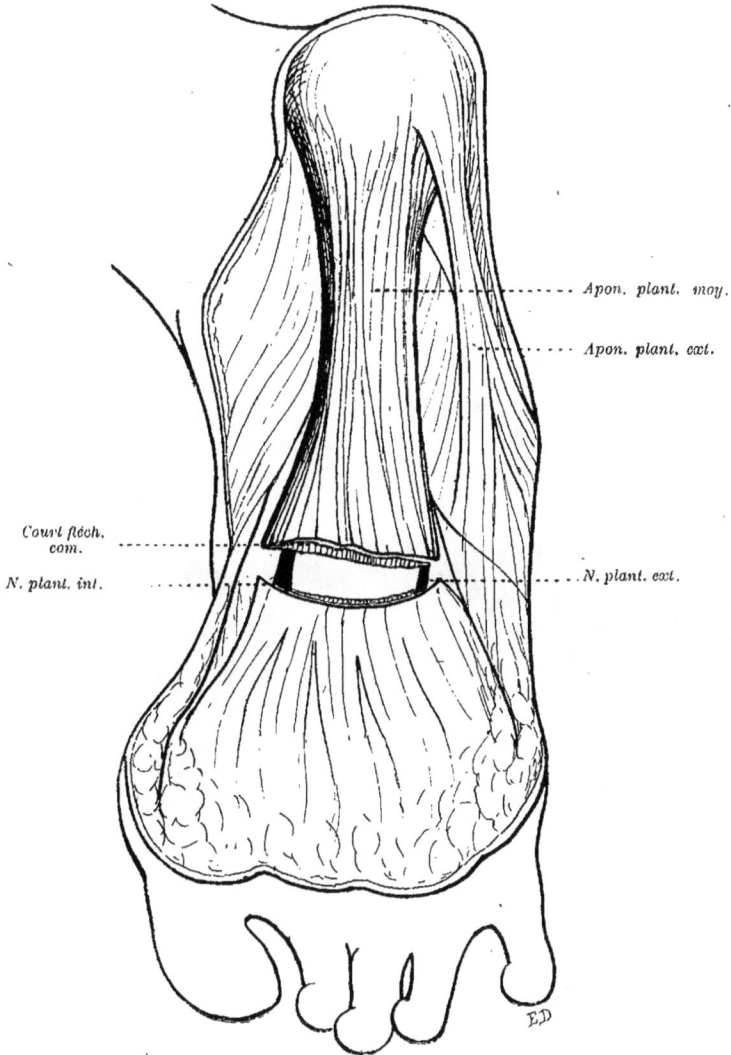

Apon. plant. moy.

Apon. plant. ext.

Court fléch. com.

N. plant. int.

N. plant. ext.

SECTION DE L'APONÉVROSE MOYENNE ET DU COURT FLÉCHISSEUR COMMUN.

PLANCHE III.

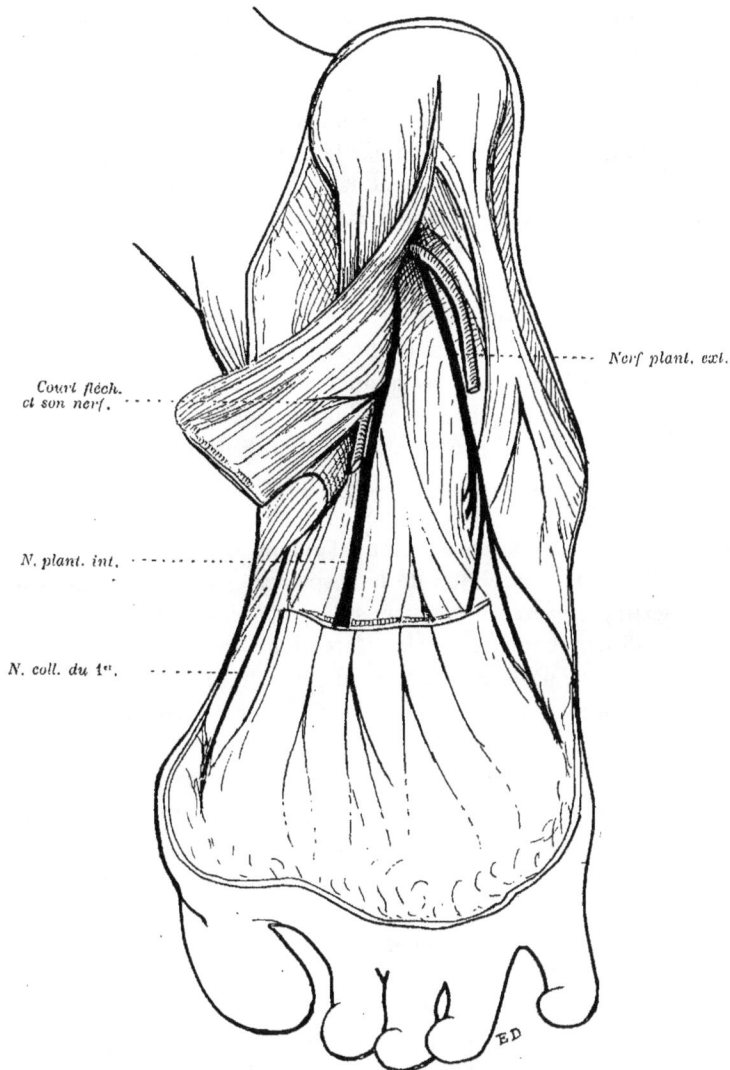

Nerf plant. ext.

*Court fléch.
et son nerf.*

N. plant. int.

N. coll. du 1ᵉʳ.

RELÈVEMENT DU COURT FLÉCHISSEUR COMMUN ET DÉCOUVERTE DE SON NERF.

l'éminence hypothénar représentée là par le seul muscle abducteur du cinquième orteil, et coupez l'aponévrose *jusqu'à son insertion calcanéenne.* Puis relevez, de dehors en dedans et d'avant en arrière, le corps du court fléchisseur commun jusqu'à ce qu'apparaisse son bord interne : à ce moment vous apercevez commodément, par la face profonde, les deux filets détachés du muscle par le nerf plantaire interne que vous rejoignez. Relevez complètement le court fléchisseur et, pour vous permettre de le rejeter derrière le calcanéum, dissociez du tronc principal ses rameaux d'innervation.

Cherchez maintenant le nerf de l'adducteur du premier orteil : il naît du plantaire interne fort en avant, à peu près au point où se détachait le rameau antérieur du court fléchisseur, un peu en arrière du niveau où apparaît le tendon de cet adducteur; il l'aborde *transversalement*, plongeant sous ses faisceaux les plus rapprochés. Ce rameau trouvé, il faut aussi l'isoler un peu du nerf plantaire interne en dissociant les fibres nerveuses, puis disséquer les insertions de l'adducteur. On peut, à ce moment, détacher d'un coup de ciseau l'insertion calcanéenne de ce muscle, en ne prenant qu'un léger copeau osseux; il n'est guère plus compliqué de la respecter et d'aller, au-dessus de ces insertions, *ouvrir la gouttière rétro-malléolaire*, découvrir le nerf tibial postérieur, en disséquer la bifurcation et retrouver les deux plantaires après leur passage sous l'adducteur du premier orteil. Tendez ces deux nerfs en ce point, disséquez-les jusqu'au milieu du pied.

Vous rejoignez alors l'aponévrose et les tendons que vous pourrez maintenant *relever séparément* : il n'y a plus d'adhérence et entre ces deux plans se glissent les rameaux nerveux. Soulevez d'abord l'aponévrose, sans vous occuper de la ménager et, entre les rameaux du plantaire interne et du plantaire externe, vous apercevez une anse anastomotique que vous isolez aussitôt. Suivez alors chacun des rameaux du plantaire externe, en restant exactement au contact de la fibre nerveuse, et que votre scalpel aille les dégager rapidement *jusque dans chaque espace interdigital*, là où ils se bifurquent : ne les abandonnez qu'après avoir montré cette bifurcation. Disséquez de

PLANCHE IV.

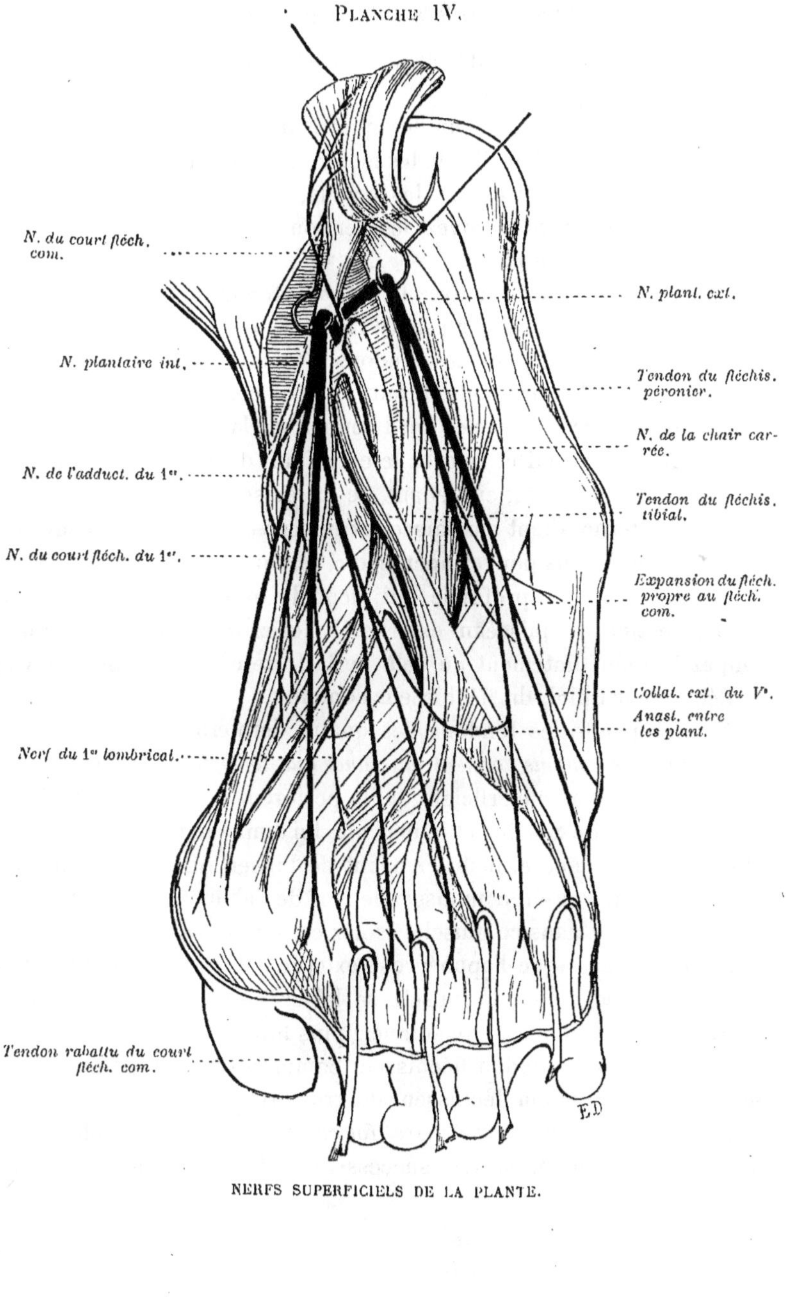

N. du court fléch. com.
N. plantaire int.
N. de l'adduct. du 1er.
N. du court fléch. du 1er.
Nerf du 1er lombrical.
Tendon rabattu du court fléch. com.
N. plant. ext.
Tendon du fléchis. péronier.
N. de la chair carrée.
Tendon du fléchis. tibial.
Expansion du fléch. propre au fléch. com.
Collat. ext. du Ve.
Anast. entre les plant.
ED

NERFS SUPERFICIELS DE LA PLANTE.

même les collatéraux extrêmes, du côté interne du gros orteil, du côté externe du cinquième.

Relevez séparément chacun des quatre faisceaux du court fléchisseur commun : il est facile de les isoler; le dernier est souvent très grêle; pour les rabattre vers les orteils, fendez leur gaine fibreuse jusqu'au point où vous voyez les tendons se perforer pour laisser passer le tendon profond.

Enfin, reconnaissez et suivez le filet du premier lombrical, naissant du tronc destiné au premier espace interosseux.

Vous voici sur le plan des tendons fléchisseurs qui vous cachent encore les muscles profonds. Il faut vous en débarrasser le plus possible. Vers le bord interne du pied coupez sur la tête métatarsienne le tendon du gros orteil et relevez-le en évitant de donner des coups de scalpel sous son trajet; en dedans de lui disséquez les filets du nerf plantaire interne allant aux faisceaux interne et externe du court fléchisseur : déjà vous pouvez apercevoir, lorsqu'elle est un peu volumineuse, l'anastomose profonde qui vient du milieu du pied et rejoint le filet destiné au faisceau externe. Relevez le tendon plus loin et coupez-le immédiatement au delà de la forte expansion qu'il envoie au fléchisseur tibial, dit fléchisseur commun.

Coupez ensuite les tendons des quatre derniers orteils, *au-dessous du point où ces tendons donnent naissance aux lombricaux* et rabattez-les à côté des tendons superficiels qu'ils perforent. Plus haut, disséquez la chair carrée de Sylvius et le nerf que lui donne le plantaire externe; plus en arrière encore, juste en avant de l'insertion du court fléchisseur commun, vous reconnaissez le nerf de l'abducteur du cinquième orteil; suivez-le dans ce muscle. Isolez ce dernier *en coupant la grosse expansion fibreuse* que l'aponévrose externe détache en dedans vers le milieu du pied : tout le muscle se laisse alors facilement écarter, ce qui permet de poursuivre son nerf plus loin.

Coupez enfin le tendon fléchisseur commun vers son point de croisement avec le tendon fléchisseur du gros orteil.

Vous allez maintenant *tendre fortement* la branche profonde du plantaire externe et suivre successivement toutes ses divisions :

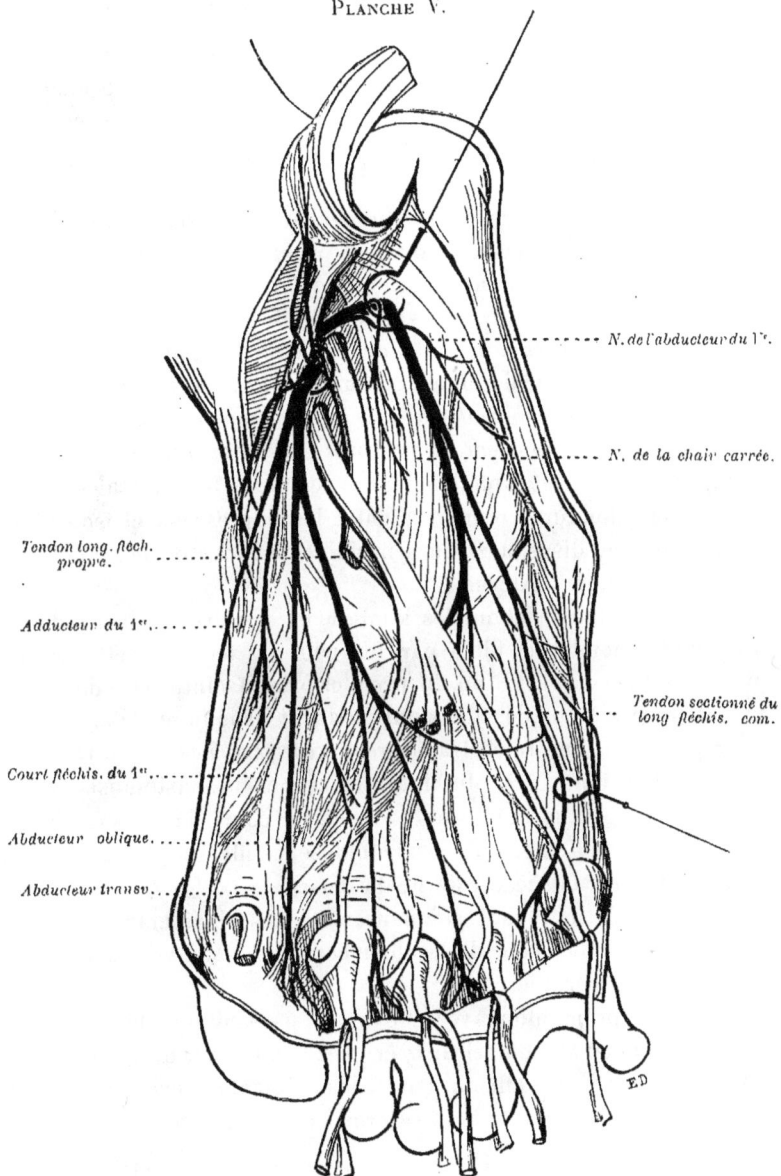

N. de l'abducteur du 1er.

N. de la chair carrée.

Tendon long. fléch.
propre.

Adducteur du 1er.

Tendon sectionné du
long fléchis. com.

Court fléchis. du 1er.

Abducteur oblique.

Abducteur transv.

ED

SECTION DES TENDONS FLÉCHISSEURS PROFONDS.

d'abord vers la partie antérieure de l'éminence hypothénar; puis, en écartant en dedans les lombricaux, ce que facilite beaucoup la section qui a été faite des tendons fléchisseurs, on peut disséquer les premiers nerfs interosseux et le nerf du dernier lombrical, qui lui arrive directement.

Écartez les lombricaux les uns des autres : vous verrez le petit muscle abducteur transverse du gros orteil avec ses insertions sur les troisième et quatrième articulations métatarso-phalangiennes; à son bord supérieur, et près de son extrémité interne, un mince filet l'aborde en *s'enjonçant sous lui;* de ce même filet naît souvent le nerf du deuxième lombrical qui fait comme celui du troisième, c'est-à-dire *que tous deux disparaissent sous l'abducteur transverse, contournent son bord inférieur et remontent vers le corps charnu auquel ils sont destinés.* Coupez entre les têtes phalangiennes les fibres transversales qui forment une palmature; remontez entre les interosseux et isolez-les le plus possible; disséquez leurs nerfs venant tous de la branche profonde du plantaire externe.

Écartez enfin en dehors les lombricaux et suivez dans l'abducteur oblique les nombreux filets par lesquels s'y termine cette branche profonde; la mobilisation du premier orteil facilite cette dissection. N'oubliez pas qu'un des filets qui plongent dans le muscle, et le plus élevé, suivant un trajet transversal, *redevient bientôt superficiel* par rapport aux fibres les plus internes et vient s'anastomoser avec le filet que le plantaire interne a donné au court fléchisseur du gros orteil; en même temps qu'il s'anastomose, ce filet du plantaire externe innerve aussi le faisceau externe du muscle.

Achevez en nettoyant soigneusement les ligaments visibles en arrière, de chaque côté de la chair carrée et sous elle, ainsi que la gaîne du long péronier.

Montez la préparation avec une arcade passant sous la chair carrée et tendant ainsi les lombricaux; érigez l'adducteur du premier orteil et l'abducteur du cinquième; tendez le nerf plantaire externe en arrière, tout en soutenant vers le bord externe sa branche profonde.

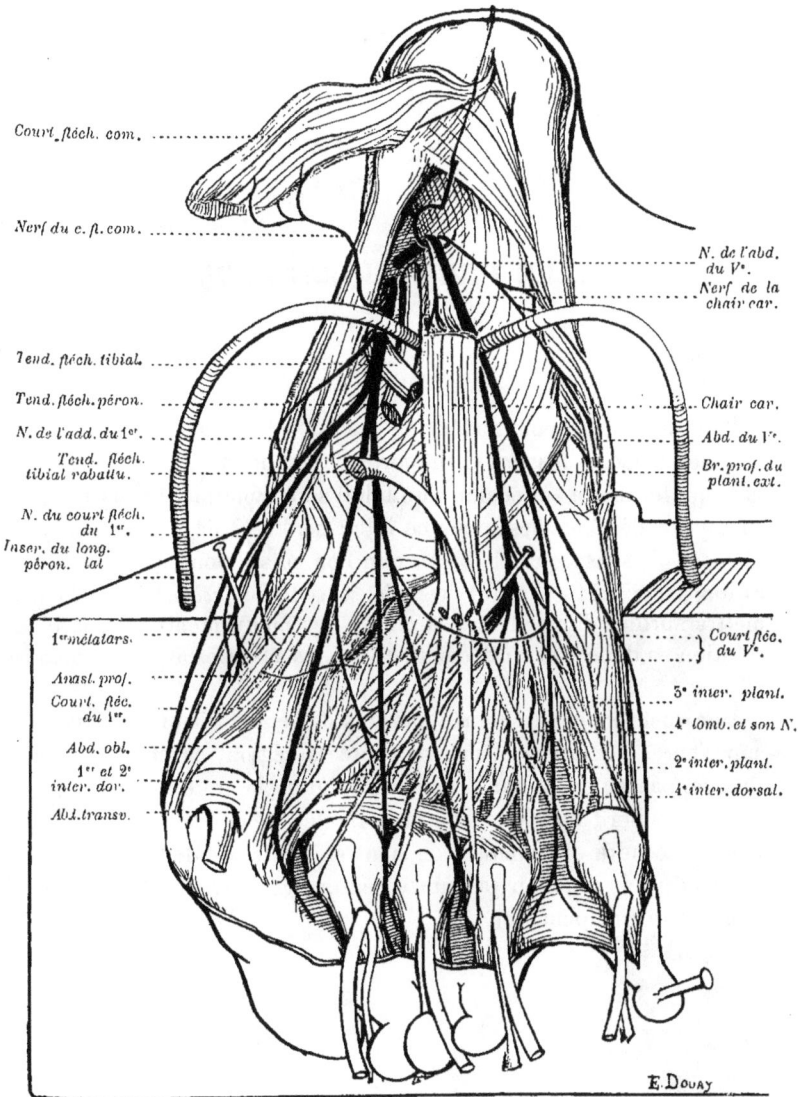

Court. fléch. com.

Nerf du c. fl. com.

N. de l'abd.
du Ve.

Nerf de la
chair car.

Tend. fléch. tibial.

Tend. fléch. péron.

N. de l'add. du 1er.

Tend. fléch.
tibial rabattu.

N. du court fléch.
du 1er.

Inser. du long.
péron. lat

Chair car.

Abd. du Ve.

Br. prof. du
plant. ext.

1er métatars.

Anast. prof.

Court. fléc.
du 1er.

Abd. obl.

1er et 2^e
inter. dor.

Abd. transv.

} Court fléc.
du Ve.

3e inter. plant.

4e lomb. et son N.

2e inter. plant.

1er inter. dorsal.

E. Douay

PLANTE DU PIED MONTÉE LAISSANT VOIR LES PLANS PROFONDS.

MUSCLES PELVI-TROCHANTÉRIENS

Pour disséquer commodément ces muscles, dont les principaux sont les muscles fessiers, il importe de donner à la région une attitude qui les mette en tension : un billot sera donc placé sous le sujet, au niveau des hanches; mais ce billot sera *débordé par la hanche* du côté que l'on dissèque, de façon que l'on puisse poursuivre la préparation assez loin en avant, vers le tenseur du *fascia lata;* cela permettra surtout d'imprimer à la cuisse des mouvements alternatifs de rotation en dehors et en dedans suivant les muscles auxquels on aura affaire.

Une vaste incision cutanée, partant de l'épine iliaque antérieure et supérieure, viendra circonscrire toute la région, en suivant la crête iliaque, passant à un bon travers de doigt de la crête sacrée, puis, au niveau du bord inférieur du grand fessier, se coudant à angle obtus pour descendre obliquement de haut en bas et de dedans en dehors et aboutir sur le fémur, à quinze centimètres environ de l'extrémité supérieure du trochanter.

Planche 1.

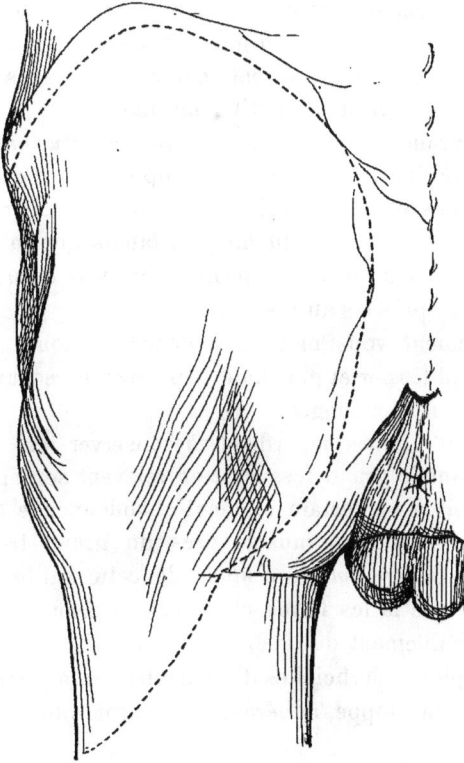

TRACÉ DE L'INCISION CUTANÉE.

Le lambeau délimité ainsi est relevé de façon que le scalpel puisse être conduit aisément *dans un sens parallèle aux fibres* du grand fessier : pour la fesse gauche, on commencera donc par le bord inférieur; pour la fesse droite, par le bord supérieur du lambeau. L'incision a dû *pénétrer d'emblée jusqu'à l'aponévrose* brillante que l'on reconnaît facilement sous la crête iliaque, et *jusqu'aux fibres charnues* constituant le bord inférieur du grand fessier : à ce niveau veillez à ne pas inciser trop profondément, car c'est là que s'échappent les filets périnéaux et cruraux du petit sciatique.

Mais sur le grand fessier même *il ne faut à aucun moment perdre le contact musculaire :* à longs coups de scalpel, ouvrez donc successivement chacune des logettes aponévrotiques où sont enfermées les nombreuses colonnes charnues du muscle, tandis que la main gauche, tirant sur le lambeau, le relève progressivement et *présente ainsi ces logettes* les unes après les autres.

Très rapidement vous mettrez à découvert toute la face superficielle du grand fessier et plus haut l'aponévrose recouvrant le moyen fessier : celle-ci sera ménagée.

Il n'y a pas d'organes superficiels à conserver ici.

En découvrant le grand fessier et en relevant son aponévrose avec la peau, on doit à un certain moment abandonner le feuillet fibreux qui semble se souder au muscle près du grand trochanter et en *suivant assez régulièrement le contour* de cette saillie osseuse sous-jacente : c'est que là les fibres charnues du grand fessier pénètrent dans un dédoublement du fascia lata où se termineront les plus élevées et les plus superficielles d'entre elles; et, à partir de ce niveau, l'aponévrose d'enveloppe, adhérente, ne forme plus un feuillet indépendant.

C'est *suivant cette ligne coudée,* ayant assez exactement la forme d'un L renversé, que le grand fessier sera sectionné; on vérifiera naturellement la situation du grand trochanter, puisque l'incision coudée doit l'encadrer de très près, rasant son bord supérieur dans le segment horizontal, son bord postérieur dans le segment vertical. Incisez jusqu'à ce que vous rencontriez un plan celluleux toujours très appa-

PLANCHE II.

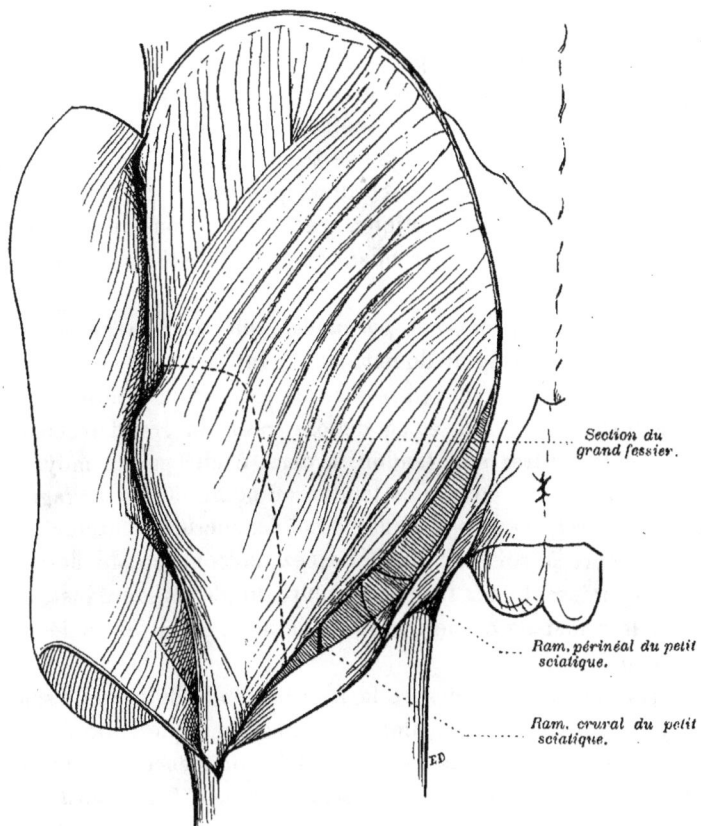

Section du
grand fessier.

Ram. périnéal du petit
sciatique.

Ram. crural du petit
sciatique.

RÉGION FESSIÈRE APRÈS RELÈVEMENT DU LAMBEAU CUTANÉ.

rent; en haut poussez l'incision un peu au delà du bord du muscle, c'est-à-dire *mordez un peu sur le fascia lata*, très épais en ce point, et que la section, d'abord horizontale, comme il a été dit, redescende ensuite un peu en avant du trochanter.

Rejetez en haut et en dedans la grosse masse charnue; en haut, elle est retenue par des insertions sur l'aponévrose recouvrant le moyen fessier : ne les arrachez pas. En bas, le muscle se relève facilement : reconnaissez alors les filets cutanés s'échappant en ce point et divergeant vers le périnée et la cuisse. Vers la partie moyenne, allez avec précaution : c'est là que se trouve le nerf fessier inférieur, nerf du grand fessier. Un gros cordon apparaît un peu en dehors de ce nerf : c'est le grand sciatique, s'échappant sous le rebord musculaire du pyramidal et descendant en dehors de l'ischion sur des plans charnus qu'il déprime.

Il faut *de suite couper le pyramidal*, qui vous cache le sommet du plexus sacré et l'origine du nerf fessier inférieur : or ce muscle est peu distinct en haut; le moyen fessier le recouvre ou semble se fusionner avec lui; c'est en bas et en dehors, près du grand trochanter, que vous reconnaîtrez son tendon, à demi caché par le moyen fessier, mais isolé de lui; coupez ce tendon au point où il se dégage du corps charnu et relevez le pyramidal vers l'échancrure sciatique, sans chercher encore à voir son nerf. Prenez au contraire le nerf du grand fessier, naissant de la face postérieure du plexus sacré juste au-dessus de sa terminaison en nerf grand sciatique, et suivez-en les multiples rameaux.

Disséquez donc à mesure la face profonde du grand fessier, sacrifiant les branches vasculaires nombreuses qui l'abordent soit au-dessus, soit au-dessous du pyramidal; commencez par un des bords et *suivez patiemment tous les faisceaux jusqu'à l'autre bord* : c'est là un travail assez long aboutissant à la mise en évidence d'un éventail nerveux très fourni se jetant sur la face profonde du muscle.

En disséquant les faisceaux inférieurs, cherchez leurs insertions entre les feuillets du grand ligament sacro-sciatique; si la longueur extrême de ces faisceaux inférieurs du grand fessier faisait paraître la

PLANCHE III.

Moyen
fessier.

Jumeau
supérieur.
Tendon de
l'obt. int.
Jum. inf.

Carré
crural.

N. fessier
inférieur.
Pyramid.
Nerf grand
sciatique.
Nerf petit
sciatique.

E.D.

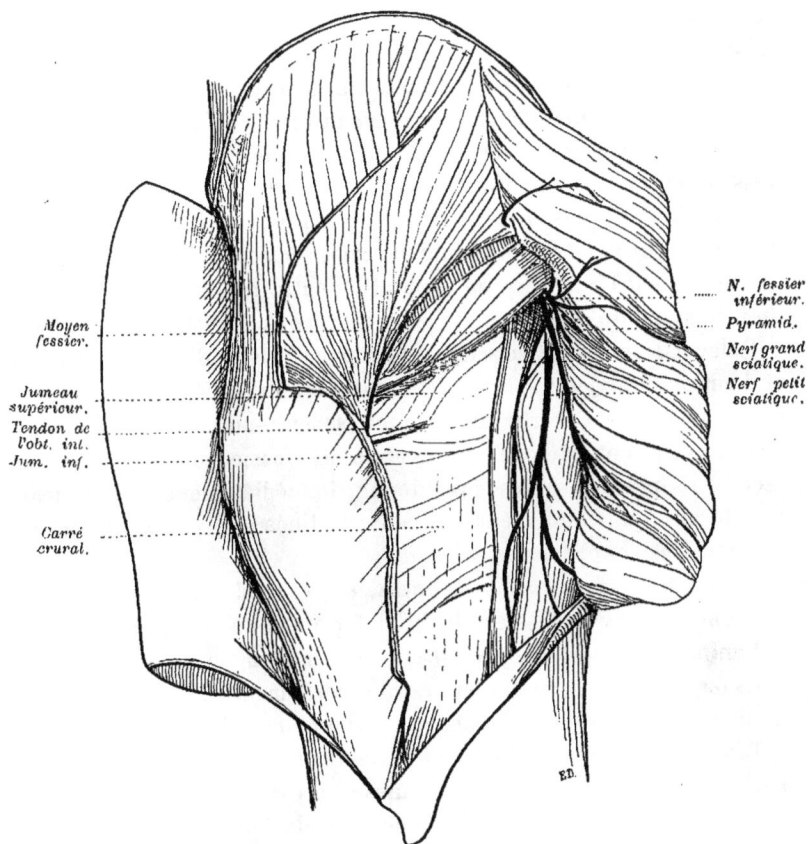

DISSECTION DE LA FACE PROFONDE DU GRAND FESSIER.

préparation disgracieuse, sacrifiez-en 3 à 4 centimètres pour arrondir le bord du muscle.

L'autre extrémité du grand fessier est relevée ensuite : en bas, c'est le tendon qui sera suivi jusqu'à la crête de trifurcation externe de la ligne âpre ; plus haut, c'est la terminaison dans le fascia lata ; décollez celui-ci du trochanter : vous ouvrez une vaste bourse séreuse ; le feuillet se décolle encore facilement au delà.

Vous abordez maintenant un nouveau temps de la préparation : la dissection des deux autres fessiers. Sectionnez le moyen fessier au-dessus du grand trochanter, à un travers de doigt environ, horizontalement d'abord, puis *en recourbant un peu l'incision en bas et en avant.* N'allez pas de suite jusqu'au bout de cette section si vous ne distinguez pas nettement l'interstice de séparation entre le muscle et le tenseur du fascia lata qu'*il ne faut pas intéresser* ; vous l'achèveriez plus tard.

Relevez le segment supérieur du moyen fessier d'arrière en avant ; en haut et en arrière, sous le rebord supérieur de l'échancrure sciatique, vous voyez sortir un paquet vasculo-nerveux constitué des grosses veines et artères fessières et du nerf fessier supérieur : celui-ci, recouvert par les vaisseaux, donne immédiatement des rameaux collatéraux qu'il faut ménager ; ceux destinés à la partie postérieure du petit fessier sont *grêles et fragiles.*

Suivez le nerf en avant ; achevez, si ce n'est pas encore fait, la section du moyen fessier ; le bout terminal du nerf, encore assez volumineux, *plonge sous un faisceau* du moyen ou plus souvent du petit fessier et reparaît sur leur bord antérieur où vous le voyez s'épanouir dans le tenseur du fascia lata : il faut bien voir cette terminaison.

Revenez à la région fessière inférieure ; isolez et nettoyez le grand nerf sciatique ; puis mettant la cuisse en extension, *luxez le nerf* en dedans de l'ischion : la dissection des muscles qu'il recouvrait devient beaucoup plus aisée.

Ce sont d'abord les jumeaux et le tendon de l'obturateur interne, souvent confondus en apparence : près du grand trochanter, faites avec légèreté une incision longitudinale sur le tendon occupant le milieu et qui est celui de l'obturateur : puis cherchez le bord supérieur

PLANCHE IV.

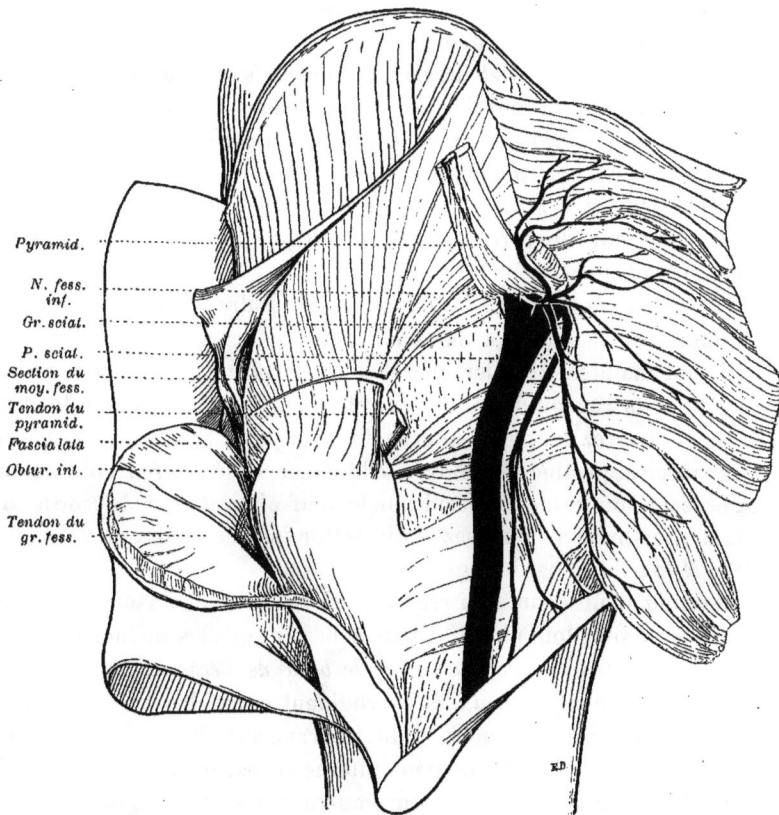

Pyramid.

N. fess.
inf.

Gr. sciat.

P. sciat.
Section du
moy. fess.

Tendon du
pyramid.

Fascia lata

Obtur. int.

Tendon du
gr. fess.

LE GRAND FESSIER EST ENTIÈREMENT DISSÉQUÉ ; ON SECTIONNE LE MOYEN FESSIER.

de ce tendon : il se séparera assez facilement du jumeau supérieur : coupez maintenant *de haut en bas* le tendon de l'obturateur, à 2 centimètres environ de sa terminaison : le tendon, seul sectionné, se séparera du jumeau inférieur : relevez-le en dedans, ce qui déchire la bourse séreuse située dessous et vous montre les tendinets constituant à ce niveau l'obturateur interne.

Cherchez le mince filet nerveux du jumeau supérieur *très en arrière*, près de l'origine du muscle. Un peu en dehors, un rameau plus volumineux vient s'enfoncer sous le jumeau supérieur, croiser sa face profonde, détacher en dedans un filet pour le jumeau inférieur, continuer également à la face profonde de ce muscle et aboutir enfin au bord supérieur du carré crural, sous lequel il va s'enfoncer *près de son extrémité interne*.

Disséquez rapidement ce carré crural. Entre lui et les jumeaux, reconnaissez le passage du tendon de l'obturateur externe.

Il faut maintenant aller chercher le corps charnu de ce muscle : recouvrez la région disséquée en refermant tous les plans, retournez le sujet, ouvrez la partie interne du triangle de Scarpa, coupez haut les muscles pectiné et moyen adducteur et découvrez l'obturateur externe et son rameau fourni par le nerf obturateur à la sortie du canal sous-pubien. Poussez la dissection jusqu'au point où vous avez dégagé le tendon par la région postérieure.

Revenez maintenant à la région fessière ; achevez d'isoler le plexus sacré, et le plus loin possible dans le bassin ; que les racines en soient bien séparées et *se détachent sur le bord de l'échancrure sciatique* : nettoyez ce rebord osseux, en le ruginant là où il n'y a pas d'insertion musculaire ; disséquez enfin les rameaux du plexus que vous pouvez atteindre, le nerf honteux interne en particulier.

Il n'y a pour ainsi dire pas de montage à faire : le grand fessier, renversé en haut et en dedans, sera fixé pour tendre ses filets nerveux ; attirez en haut et en avant le moyen fessier ; rabattez sur le trochanter son tendon coupé très court ; fixez aussi le tendon de l'obturateur interne ; enfin tendez la tranche cutanée inférieure pour étaler les nombreux filets nerveux qui l'abordent.

PLANCHE V.

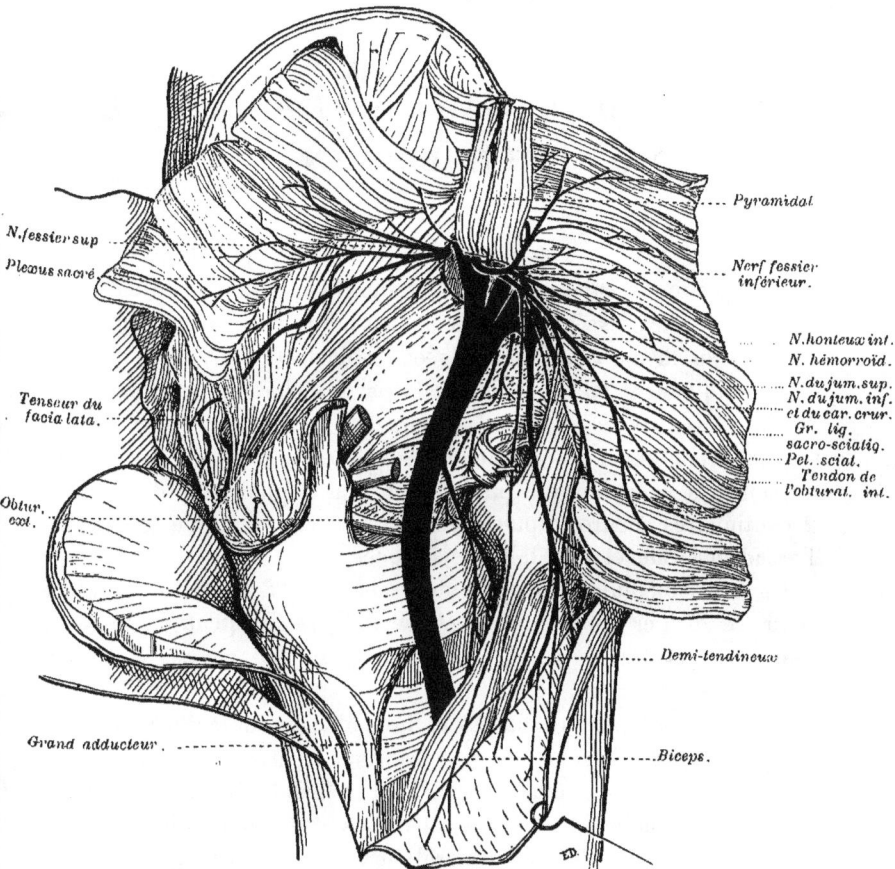

N. fessier sup
Plexus sacré

Pyramidal

Nerf fessier inférieur.

N. honteux int.
N. hémorroïd.
N. du jum. sup.
N. du jum. inf.
et du car. crur.
Gr. lig. sacro-sciatiq.
Pet. sciat.
Tendon de l'obturat. int.

Tenseur du facia lata.

Obtur. ext.

Demi-tendineux

Grand adducteur.

Biceps.

RÉGION FESSIÈRE AVEC LES BRANCHES DU PLEXUS SACRÉ.

MUSCLES DE LA PAROI ANTÉRO-LATÉRALE
DE L'ABDOMEN

Placez sous le sujet un billot qui soulève la région dorsale du côté que vous voulez disséquer; un deuxième billot est souvent utile sous la fesse du même côté; mais placez-les de façon que le sujet, reposant obliquement sur la table, ait la paroi abdominale suffisamment tendue et *exposée jusqu'à la région dorsale.*

Une première incision, médiane, va de la base de l'appendice xyphoïde à la symphyse pubienne devant laquelle elle descend de 2 centimètres environ; puis, se coudant, elle remonte le long de l'arcade crurale et suit la crête iliaque.

En haut, un autre trait part de la base de l'appendice xyphoïde pour se diriger horizontalement en dehors jusqu'au-dessous du mamelon, et, de ce point, se recourbe un peu en bas à mesure qu'il gagne en arrière.

Que l'incision pénètre jusqu'à la ligne blanche sur la ligne médiane, jusqu'aux fibres charnues du grand oblique en arrière.

Relevez la peau suivant les principes habituels, c'est-à-dire en gardant le contact des fibres charnues du grand oblique, et en dirigeant les coups de scalpel parallèlement à ces fibres; il faut donc *commencer par l'angle supérieur* du grand lambeau.

D'autre part, dans toute la région des droits antérieurs, il faut respecter l'aponévrose; ce n'est que sur leur bord externe, et même à un travers de doigt plus en dehors au niveau de la région ombili-

PLANCHE 1.

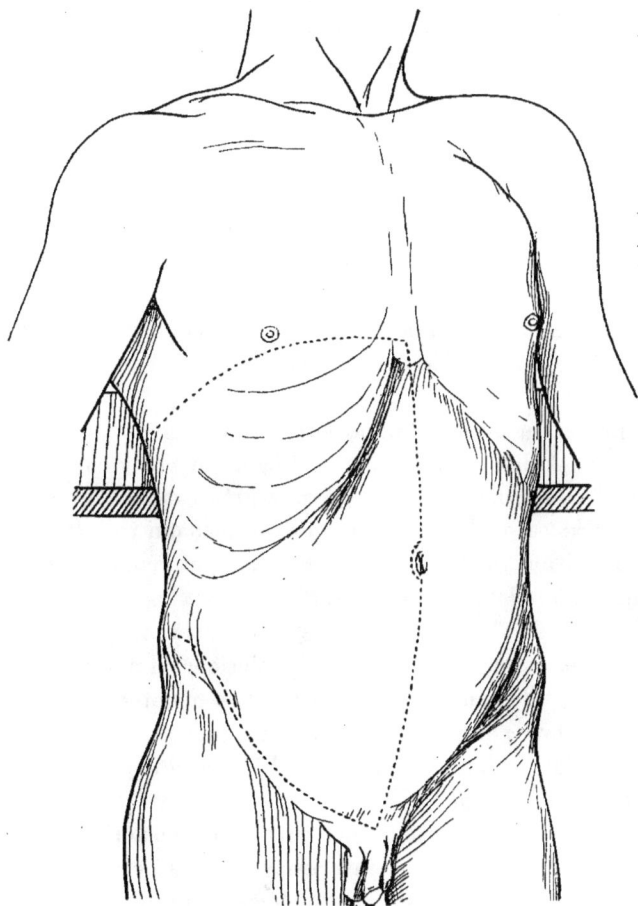

TRACÉ DE L'INCISION CUTANÉE.

cale, qu'il faut commencer à chercher les fibres charnues qui s'éten-
dent alors jusqu'au bord postérieur du muscle.

En bas et en avant, à partir d'une ligne horizontale passant par la
crête iliaque, on ne trouve plus que des fibres tendineuses. Rappelez-
vous que ces fibres, dont la direction est oblique de haut en bas et de
dehors en dedans, sont *tissées ensemble* par un système de fibres superficielles nées principalement de l'épine iliaque antérieure et supérieure; il faut *respecter ce système d'association*, dont la partie inférieure
limite le rebord de l'orifice superficiel du canal inguinal sous le nom
de fibres arciformes de Cooper.

Disséquez de ce côté jusqu'à l'arcade crurale. En arrière, poursuivez le relèvement de la peau jusqu'à ce qu'apparaisse le grand
dorsal; soulevez ce dernier pour voir la partie postérieure du grand
oblique; entre les deux muscles et la crête iliaque se trouve un espace
fort étroit, le triangle de Jean-Louis Petit, dont la hauteur n'atteint
pas un travers de doigt.

Sectionnez le grand oblique suivant les lignes indiquées sur la
figure, c'est-à-dire suivant une verticale qui commence à l'extrémité
supérieure du muscle et passe à peu près exactement à l'union des
fibres charnues et des fibres aponévrotiques qui vont à la ligne blanche; en arrivant sur l'horizontale passant par l'épine iliaque, recour-
bez-vous à angle presque droit, et remontez légèrement pour passer
à un travers de doigt au-dessus de la crête iliaque; arrêtez-vous
à 2 centimètres en avant du bord postérieur du muscle.

Du sommet de l'angle droit décrit, faites maintenant descendre une
autre incision, parallèle aux fibres du muscle, qui viendra se terminer sur l'orifice inguinal superficiel, *ouvrant ainsi la paroi superficielle du canal inguinal.*

Relevez d'abord le grand volet musculaire postérieur et supérieur,
disséquant chacune de ses insertions sur les côtes; au-dessous de
celles-ci, vous verrez, assez profondément, un filet nerveux, accompagné d'une artériole, perforer chacun des intercostaux externes et
plonger dans le grand oblique; à chaque espace correspond donc un
nerf, *sortant près de la côte sus-jacente*, et de plus en plus volumineux

PLANCHE II.

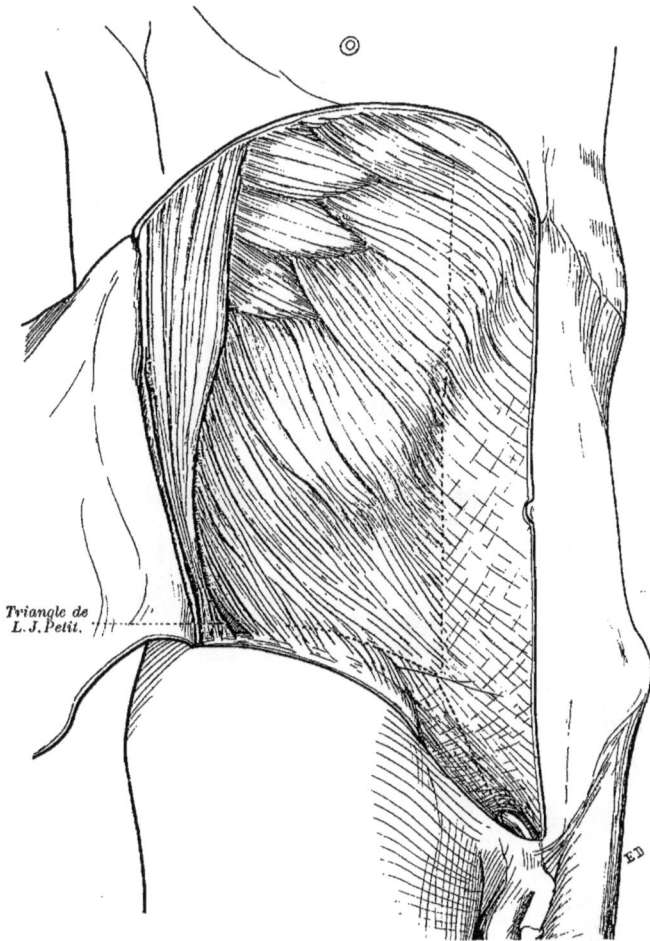

Triangle de
L. J. Petit.

MUSCLE GRAND OBLIQUE AVEC SES LIGNES DE SECTION.

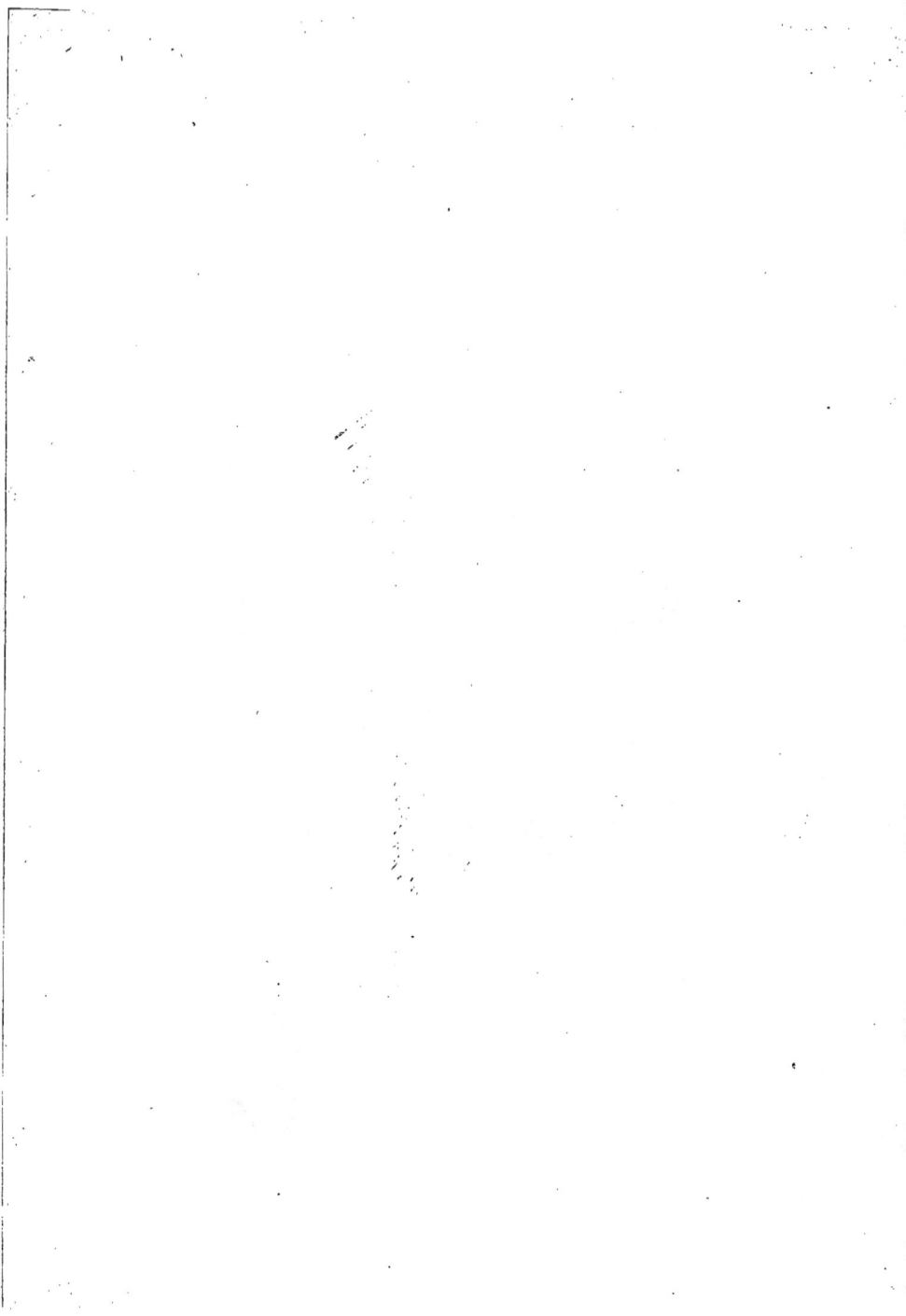

PLANCHE III.

Muscle
intercostal
externe.

Muscle
grand droit.

Apon. du petit
oblique.

Apon. du
grand
oblique.

Gaine du
grand droit.

12ᵉ nerf intercostal.

Abdomino-génital.

Section du petit
oblique.

ED

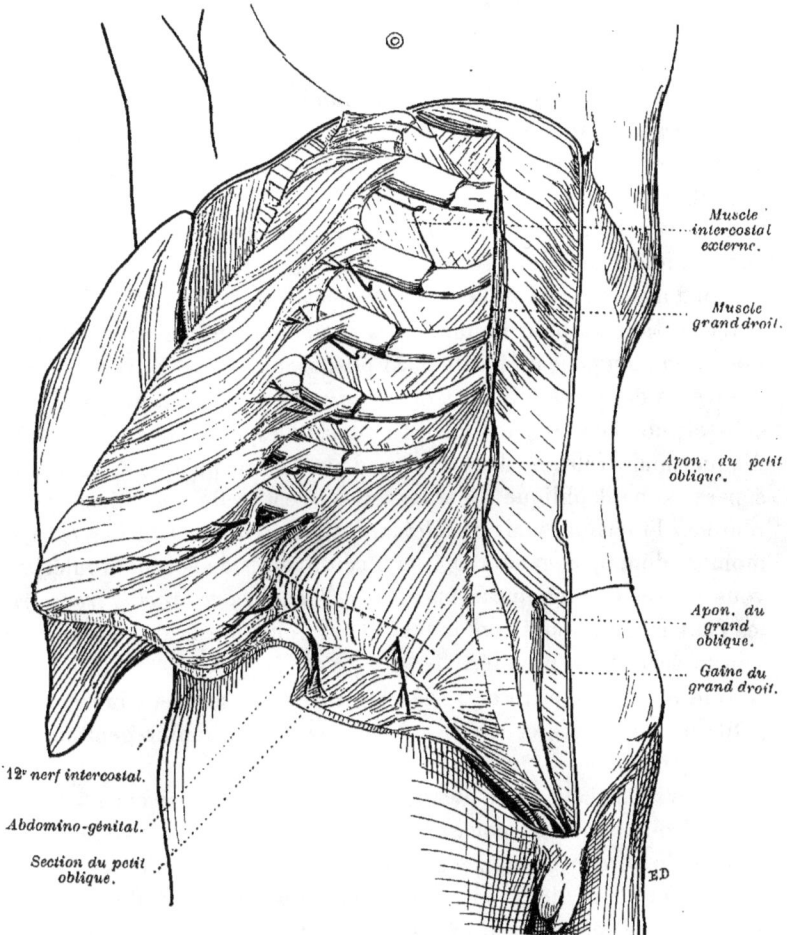

LE GRAND OBLIQUE EST RELEVÉ EN DEHORS; EN DEDANS SON APONÉVROSE
EST SOULEVÉE JUSQU'A SA LIMITE D'ADHÉRENCE.

à mesure que vous descendez; ces nerfs disparaissent presque aussitôt dans le muscle; mais vous pourrez, en le retournant, les retrouver à sa face superficielle et les disséquer plus loin.

En bas, là où le muscle est plus épais, les derniers nerfs intercostaux, surtout le douzième, et les abdominaux-génitaux donnent de gros filets à ramifications multiples.

Relevez ensuite vers la cuisse le lambeau inférieur, ménagez les filets nerveux qui l'abordent en sortant du petit oblique; disséquez le pilier externe et en dessous le ligament de Gimbernat que vous pouvez atteindre.

Soulevez enfin le lambeau interne, purement aponévrotique, et séparez-le de l'aponévrose du petit oblique jusqu'au point où il se confond avec elle, *un peu en dedans du bord du muscle droit.*

La section du petit oblique sera faite perpendiculairement à ses fibres, en commençant par le bord postérieur, à deux travers de doigt au-dessus de la crête iliaque et en suivant une direction parallèle à celle-ci; ne poussez pas l'incision plus loin que le niveau de l'épine iliaque, mais relevez d'abord les deux lèvres qu'elle forme, pour séparer le petit oblique du transverse : c'est facile à ce niveau ; puis reprenez l'incision, mais en *relevant à mesure les fibres du muscle*; à un moment donné, en général à 4 ou 5 centimètres de son bord inférieur, vous ne verrez plus *aucun interstice celluleux entre lui et le transverse,* les deux muscles sont confondus : il est donc inutile de pousser plus loin la section du premier.

Achevez de rabattre en arrière et en bas le segment inférieur du petit oblique avec les grosses branches des abdomino-génitaux qui s'y distribuent.

Soulevez en haut et en avant, en creusant progressivement, la partie antéro-supérieure; poussez ce décollement le plus possible, vous pourrez le faire beaucoup plus complet qu'il ne semble devoir l'être au premier abord; ici encore vous trouvez de nombreux filets nerveux allant au petit oblique par sa face profonde, au transverse par sa face superficielle; suivez en arrière l'origine de ces nerfs qui proviennent des intercostaux : vous pourrez, en passant sous des arcades muscu-

PLANCHE IV.

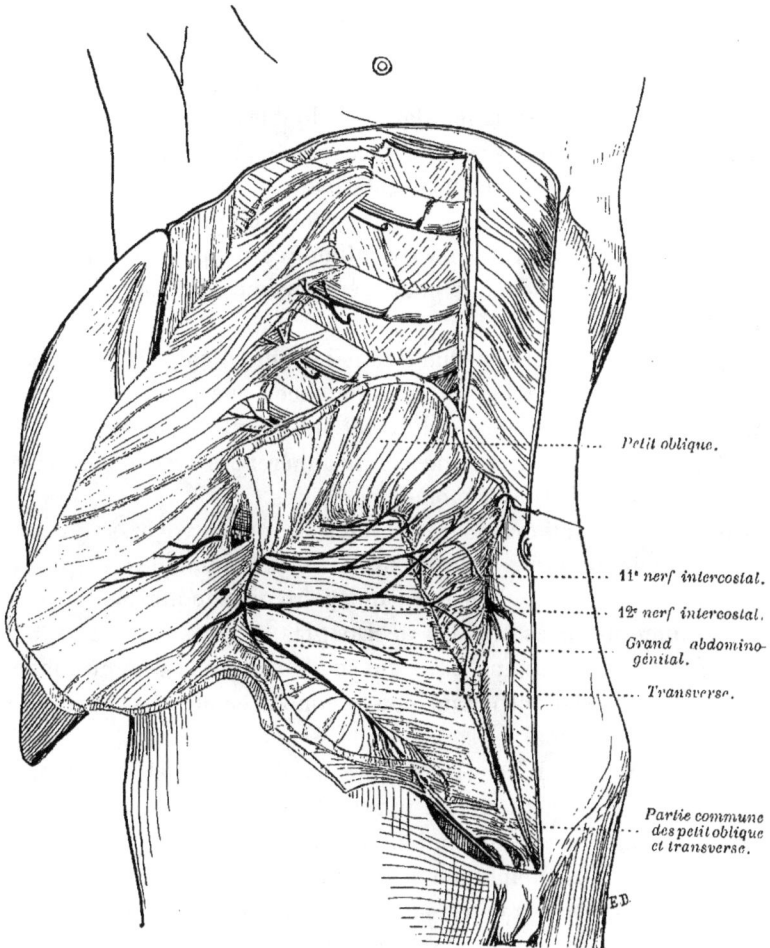

Petit oblique.

11° nerf intercostal.

12° nerf intercostal.

Grand abdomino-génital.

Transverse.

Partie commune des petit oblique et transverse.

LE PETIT OBLIQUE EST RELEVÉ POUR MONTRER LE TRANSVERSE.

laires ou fibreuses, *établir la communauté d'origine* de ces filets et de ceux destinés au grand oblique : efforcez-vous donc de la mettre en évidence.

Reste la dissection du droit antérieur.

Sa gaine est déjà ouverte en haut; l'aponévrose du grand oblique a pu être décollée jusqu'au delà du bord externe ; ce qui nous sépare encore du muscle, c'est le feuillet de dédoublement antérieur de l'aponévrose du petit oblique, et plus bas toute cette lame unie à celle du transverse : incisez sur la face antérieure du droit, en dehors de la ligne de fusion avec l'aponévrose du grand oblique rejetée en dedans ; descendez ainsi jusqu'à 5 ou 6 centimètres du pubis ; puis dirigez-vous un peu plus en dedans pour ménager le tendon conjoint et allez jusqu'à l'insertion osseuse.

Relevez vers la ligne médiane tout le feuillet antérieur de la gaine et, pour cela, coupez les fortes adhérences que présentent avec lui les intersections tendineuses du droit antérieur. De même, à la face postérieure, il faudra sectionner leurs adhérences avec le feuillet profond; elles sont d'ailleurs moins résistantes.

Soulevez le grand muscle droit antérieur : vous voyez se jeter à sa face profonde toute une série de nerfs assez volumineux, disposés *en barreaux d'échelle*, et qu'il est aisé de suivre dans le muscle.

Disséquez aussi les arcades de Douglas.

Ménagez l'artère épigastrique qui se distribue à la face profonde du droit antérieur et dont il faut pouvoir montrer plus bas les rapports avec le canal inguinal.

En bas enfin, sur la face antérieure du droit et juste au-dessus du pubis, cherchez le petit muscle pyramidal dont le nerf perfore le petit oblique et passe au-dessus du tendon conjoint.

Achevez en disséquant complètement ce dernier, ainsi que les renforcements du fascia transversalis, ligaments de Henle en dedans, de Hesselbach en dehors; montrez aussi le faisceau musculaire se détachant du bord inférieur du petit oblique et du transverse pour se jeter sur le cordon et constituer le crémaster.

Pour monter la préparation, tendez en arrière le segment supérieur

PLANCHE V.

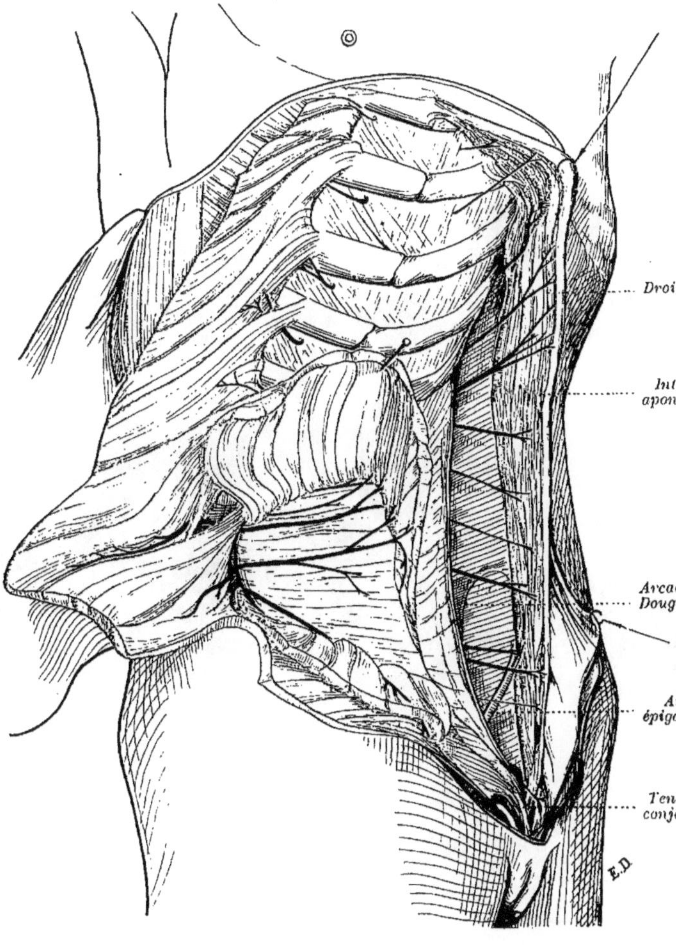

Droit antérieur.

Intersection
aponévrotique.

Arcade de
Douglas.

Artère
épigastrique.

Tendon
conjoint.

LE DROIT ANTÉRIEUR EST SOULEVÉ POUR MONTRER L'ARRIVÉE DE SES NERFS.

du grand oblique, en avant celui du petit oblique ; rejetez vers la cuisse leurs segments inférieurs qui ne demandent aucun point d'appui ; attirez vers le côté opposé le feuillet antérieur de la gaine du droit ; enfin, soulevez fortement le bord externe de ce dernier en l'attirant aussi vers la ligne médiane.

PLANCHE VI.

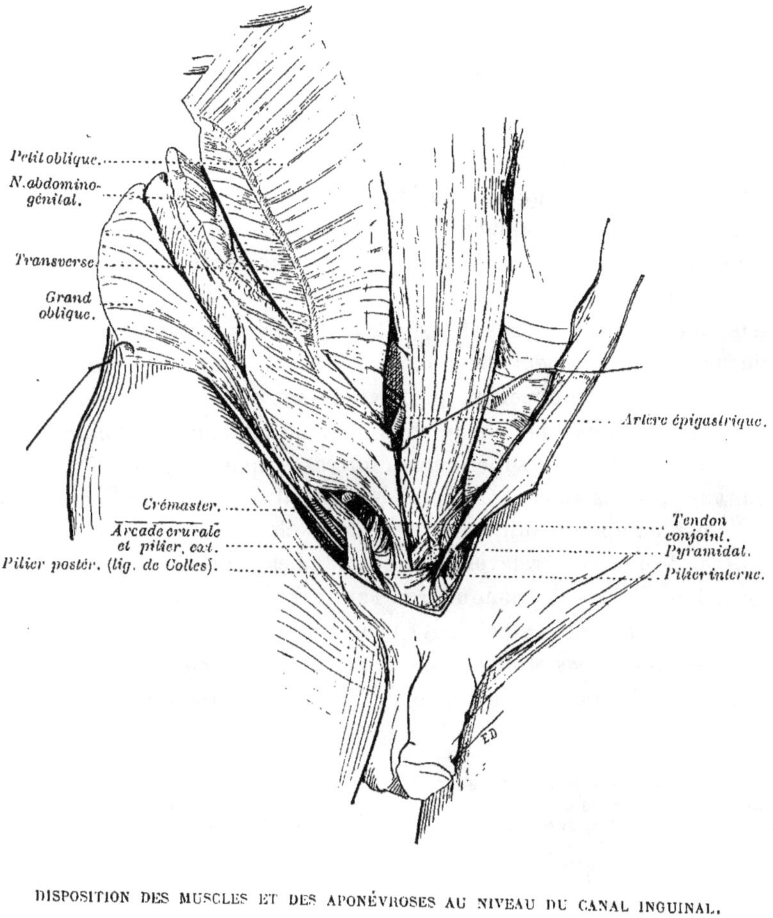

Petit oblique.

N. abdomino-génital.

Transverse.

Grand oblique.

Artère épigastrique.

Crémaster.

Arcade crurale et pilier. ext.

Pilier postér. (lig. de Colles).

Tendon conjoint.

Pyramidal.

Pilier interne.

DISPOSITION DES MUSCLES ET DES APONÉVROSES AU NIVEAU DU CANAL INGUINAL.

MUSCLES DE LA NUQUE

Amenez le sujet retourné au bout de la table de façon que sa tête déborde ; qu'un billot soulève la partie supérieure du thorax. Rasez la région postérieure de la tête jusqu'à deux travers de doigt au-dessus de la protubérance occipitale externe. Faites à partir de celle-ci une incision médiane descendant jusqu'à la onzième dorsale. Sur ce premier trait branchez deux incisions horizontales, l'une au niveau même de la protubérance et venant jusqu'au-dessus du pavillon de l'oreille ; l'autre au niveau de l'épine de l'omoplate, atteignant l'acromion. Que l'incision horizontale supérieure n'intéresse que la peau. Pour les deux autres, allez au contraire plus hardiment, jusqu'à ce qu'apparaissent un plan aponévrotique ou des fibres charnues : c'est le muscle trapèze. Vous allez relever les deux lambeaux limités par vos incisions, l'un inférieur triangulaire, l'autre supérieur quadrangulaire.

A longs coups de scalpel dirigés suivant le sens des fibres, obliquement de haut en bas et de dehors en dedans, vous relèverez d'abord le lambeau inférieur, en commençant par son angle supéro-interne.

NOTA. — Lorsque cela sera possible, il y aura tout avantage à retourner le sujet le dos en l'air, au moins deux jours avant de commencer cette préparation : la région, dans le cas contraire, sera toujours plus ou moins infiltrée, surtout dans les plans superficiels.

Planche I.

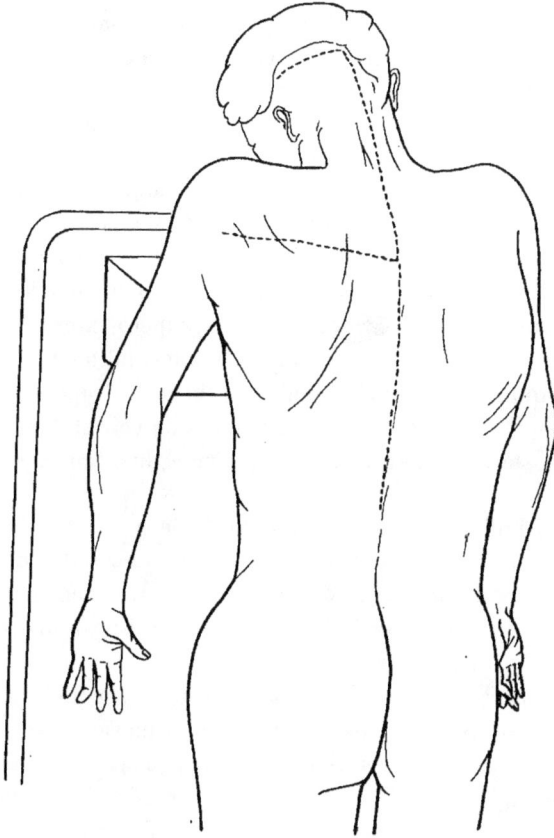

TRACÉ DE L'INCISION CUTANÉE.

Placez-vous donc près du flanc du sujet s'il s'agit du côté gauche, près de la tête s'il s'agit du côté droit. Chaque coup de scalpel est donné aussi long que possible, *d'un bord du lambeau à l'autre, et sans perdre le contact de la fibre charnue, c'est-à-dire en coupant sur celle-ci même et non dans l'interstice qui la sépare de l'aponévrose que vous relevez avec la peau*; grâce à la direction de votre lame, parallèle à celle des fibres, celles-ci n'ont en effet rien à craindre et doivent immédiatement être complètement disséquées. Vous ne sacrifiez, ce faisant, que des rameaux cutanés sans intérêt dans cette préparation.

Relevez ensuite le lambeau supérieur, en commençant par l'angle inféro-interne et, continuant à vous laisser guider par la direction des fibres du trapèze, dirigez vos coups de scalpel horizontalement d'abord, puis obliquement de haut en bas et de dedans en dehors. Allez avec une précaution croissante : le muscle *s'amincit beaucoup en haut :* bientôt vous arrivez sur son bord supéro-externe : ne relevez plus que la peau, sans chercher à garder aussi intimement le contact du muscle qui apparaît maintenant en dehors du trapèze, le splénius. Arrivez jusqu'au sterno-mastoïdien : tâchez de voir et de ménager, sur son bord postérieur, la branche mastoïdienne du plexus cervical superficiel.

Cherchez immédiatement, au milieu de la petite aponévrose d'insertion occipitale du trapèze, le nerf grand occipital d'Arnold : il s'échappe sous *une arcade à convexité supérieure* formée par cette aponévrose, à 2 centimètres de la ligne médiane, et sur un niveau inférieur à celui de la protubérance occipitale d'environ 1 centimètre et demi. Il s'épanouit presque tout de suite, la majorité de ses filets se dirigeant en dehors et en haut; le plus externe s'unit à un rameau de la branche mastoïdienne. Dégagez ces divers rameaux jusqu'à l'incision cutanée horizontale supérieure. Coupez de suite le trapèze de la superficie à la profondeur, suivant la ligne indiquée, à 2 ou 3 centimètres de la ligne médiane et parallèlement à elle, en prenant garde de ne pas entamer le rhomboïde sous-jacent; ménagez seulement les extrémités supérieure et inférieure du muscle. Toute cette première partie de la dissection doit être exécutée *très rapidement* : il y a peu d'organes à

PLANCHE II.

Nerf gr. occipital d'Arnold.

Branche mastoïdienne du
plexus cervical.

Arcade
aponévrotique.

Splénius.

Ligne
d'incision
du trapèze.

E.D.

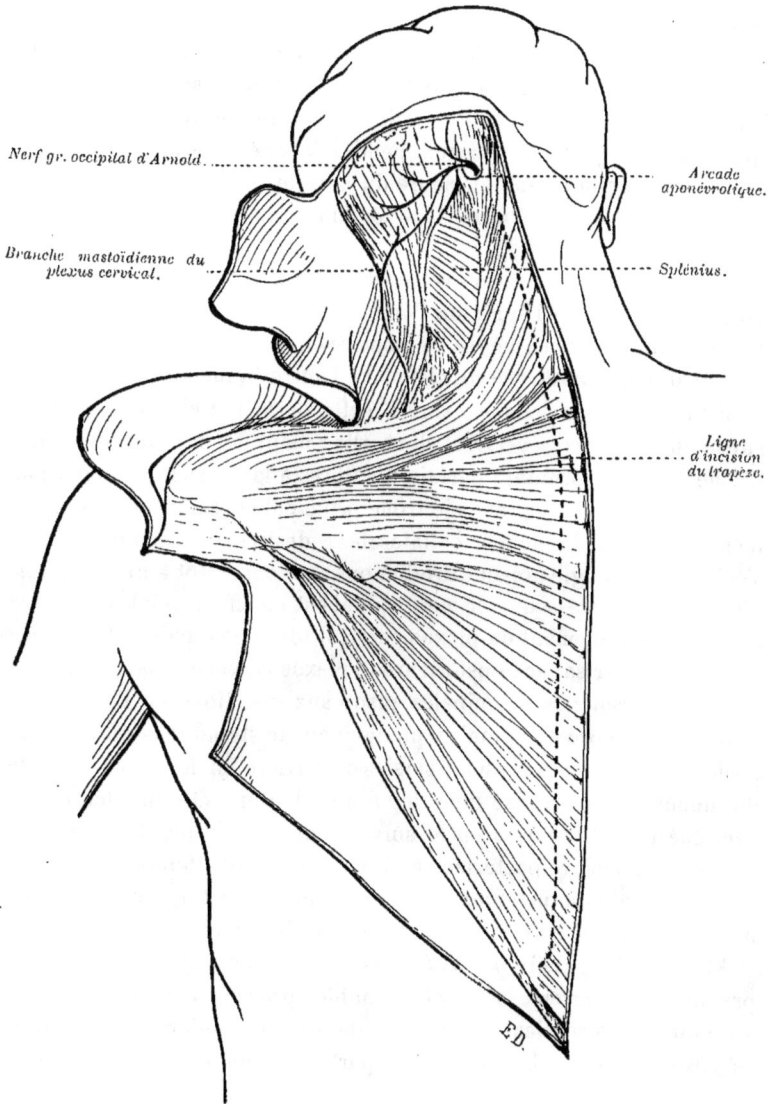

FACE SUPERFICIELLE DU TRAPÈZE.

ménager et ces plans superficiels sont peu visibles à la fin de la préparation.

Relevez le trapèze en dehors ; il est doublé d'une aponévrose assez mince ; par transparence, à deux travers de doigt de son insertion sur l'épine, vous verrez descendre verticalement un cordon : c'est le nerf spinal accompagné de vaisseaux. Fendez l'aponévrose sur lui et suivez-le d'abord vers la partie inférieure du muscle, en disséquant ses filets jusqu'au bout et en débarrassant les fibres charnues de l'aponévrose ici peu adhérente.

Revenez alors au point où vous avez abordé le tronc nerveux, c'est-à-dire au niveau de l'épine de l'omoplate, et suivez-le en remontant. Presque aussitôt vous voyez ce tronc *se bifurquer* : la branche principale continue à monter verticalement ; l'autre branche, plus grêle, se perd en haut et en dedans ; suivez cette dernière ; elle vous mènera sur le plan du plexus cervical dont elle émane au niveau de la quatrième paire, empruntant parfois des fibres à la troisième, comme sur la figure ci-jointe. Reprenez le tronc principal et remontez encore, en ménageant les branches collatérales, destinées au trapèze, qui s'échappent à angle presque droit. Vous arrivez bientôt à une *deuxième bifurcation* : c'est là que le nerf spinal est en effet rejoint par l'autre anastomose provenant du plexus cervical (deuxième paire). Disséquez rapidement par sa face postérieure le plexus cervical ainsi reconnu et isolez ses branches principales jusqu'aux insertions de l'angulaire.

Revenez encore au spinal : il plonge dans le sterno-mastoïdien : dissociez à ce niveau le muscle ; saisissez derrière lui le spinal au delà du tunnel qu'il se creuse dans les fibres charnues et remontez *le plus haut que vous le pourrez* en le suivant, derrière la jugulaire interne, vers le trou déchiré postérieur qu'il est possible d'atteindre. Terminez en disséquant complètement la face profonde du trapèze et les nombreuses branches collatérales fournies par le spinal.

Attaquez l'angulaire par sa face externe et en haut ; reconnaissez un premier filet nerveux, souvent dédoublé, provenant de la deuxième anse du plexus cervical et pénétrant dans le bord antérieur du muscle. Séparez les divers chefs tendineux partis des apophyses transverses.

PLANCHE III.

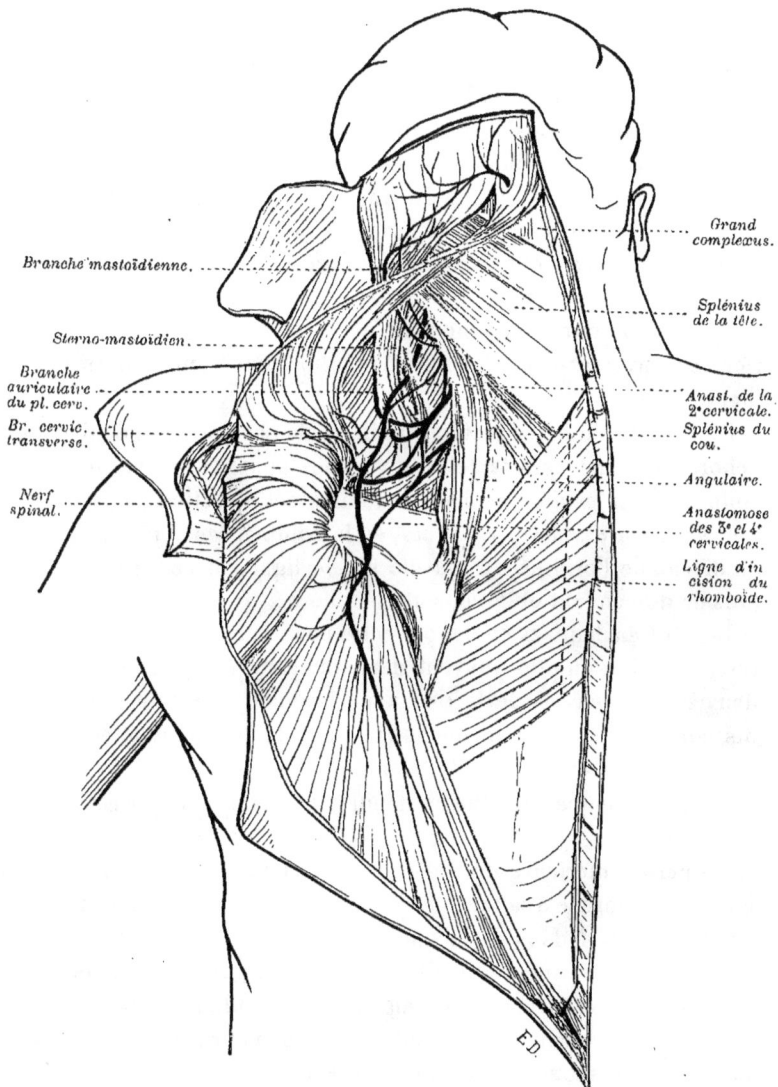

Branche mastoïdienne.

Sterno-mastoïdien.

Branche
auriculaire
du pl. cerv.

Br. cervic.
transverse.

Nerf
spinal.

Grand
complexus.

Splénius
de la tête.

Anast. de la
2ᵉ cervicale.

Splénius du
cou.

Angulaire.

Anastomose
des 3ᵉ et 4ᵉ
cervicales.

Ligne d'in
cision du
rhomboïde.

E.D.

DISSECTION DU NERF SPINAL A LA FACE PROFONDE DU TRAPÈZE.

En descendant vous trouverez encore deux filets nerveux abordant le muscle en dehors et en avant : suivez leurs ramifications ; le premier, né de la quatrième paire, fournit à l'angulaire et le traverse pour disparaître sous le rhomboïde ; le second, né de la cinquième paire, se contente parfois de traverser l'angulaire sans rien lui donner et disparaît aussi sous le rhomboïde, un peu en dehors du précédent.

Coupez le rhomboïde près de son bord interne, sur une ligne *exactement sous-jacente* à la section du trapèze, et relevez aussi le muscle en dehors : prenez à son bord supérieur les deux filets nerveux que nous avons vus y arriver et suivez-les à la face profonde du muscle, jusque vers son bord inférieur.

Coupez, toujours au même niveau, le petit dentelé postérieur et supérieur et renversez-le en dehors : à son bord supérieur aboutit un petit filet nerveux.

Plus haut s'étale le splénius, oblique de bas en haut, de dedans en dehors, montant vers la tête et vers les apophyses transverses : ne coupez que sa portion céphalique ; faites cette section *perpendiculaire à la direction des fibres charnues*, en la commençant en dedans, juste au niveau de l'origine du muscle sur le ligament cervical postérieur puis en descendant obliquement en dehors.

Relevez en haut et en dehors cette portion céphalique : vous serez retenu par un, ou plus souvent deux rameaux nerveux, émanés de la deuxième et parfois de la troisième branche cervicale postérieure : disséquez leurs terminaisons dans le muscle pour pouvoir écarter facilement celui-ci en haut et en dehors.

Le petit complexus situé en dehors et sous le splénius est vite isolé et mobilisé.

La partie inférieure du splénius de la tête est rabattue en dedans : on la voit abordée à sa face profonde par plusieurs branches nerveuses émergeant en dedans de la masse maintenant visible du grand complexus : ces nerfs ne font d'ailleurs que perforer le splénius près de ses insertions épineuses, ils étaient destinés à la peau de la région.

Il faut encore couper le grand complexus pour achever votre préparation. Cette section sera faite *très haut*, à environ deux travers de

PLANCHE IV.

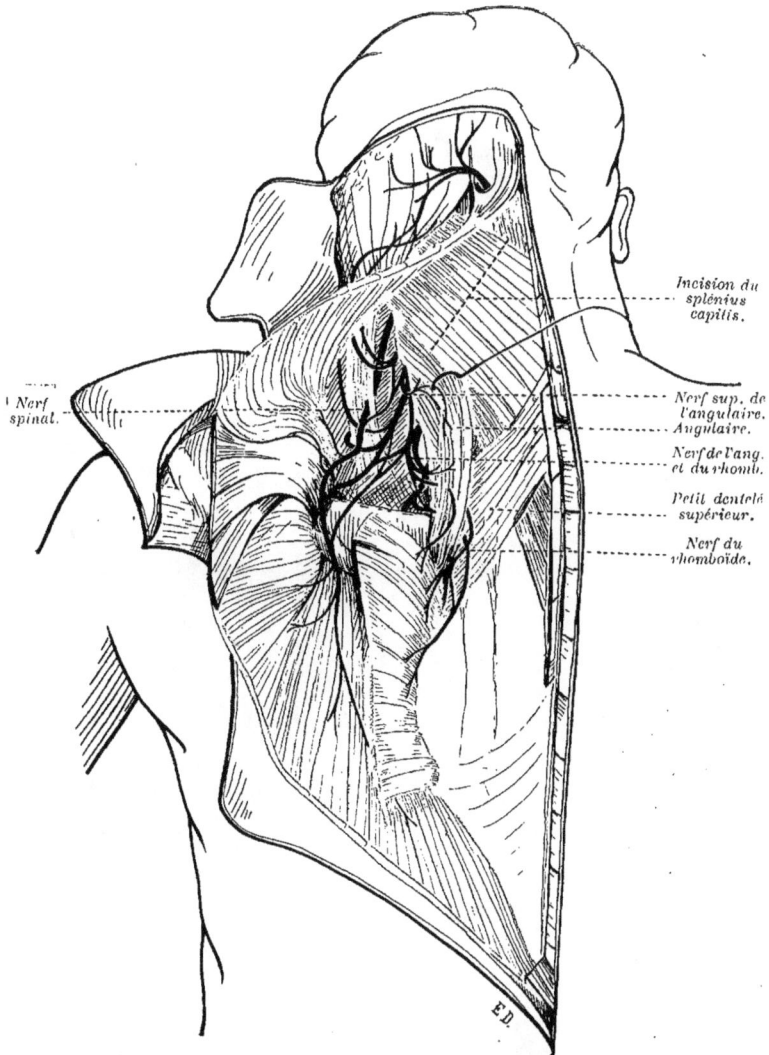

Incision du
splénius
capitis.

Nerf
spinal.

Nerf sup. de
l'angulaire.
Angulaire.

Nerf de l'ang.
et du rhomb.

Petit dentelé
supérieur.

Nerf du
rhomboïde.

E.D.

LE RHOMBOÏDE ET L'ANGULAIRE SONT DISSÉQUÉS;
LE PETIT DENTELÉ SUPÉRIEUR VA ÊTRE SECTIONNÉ.

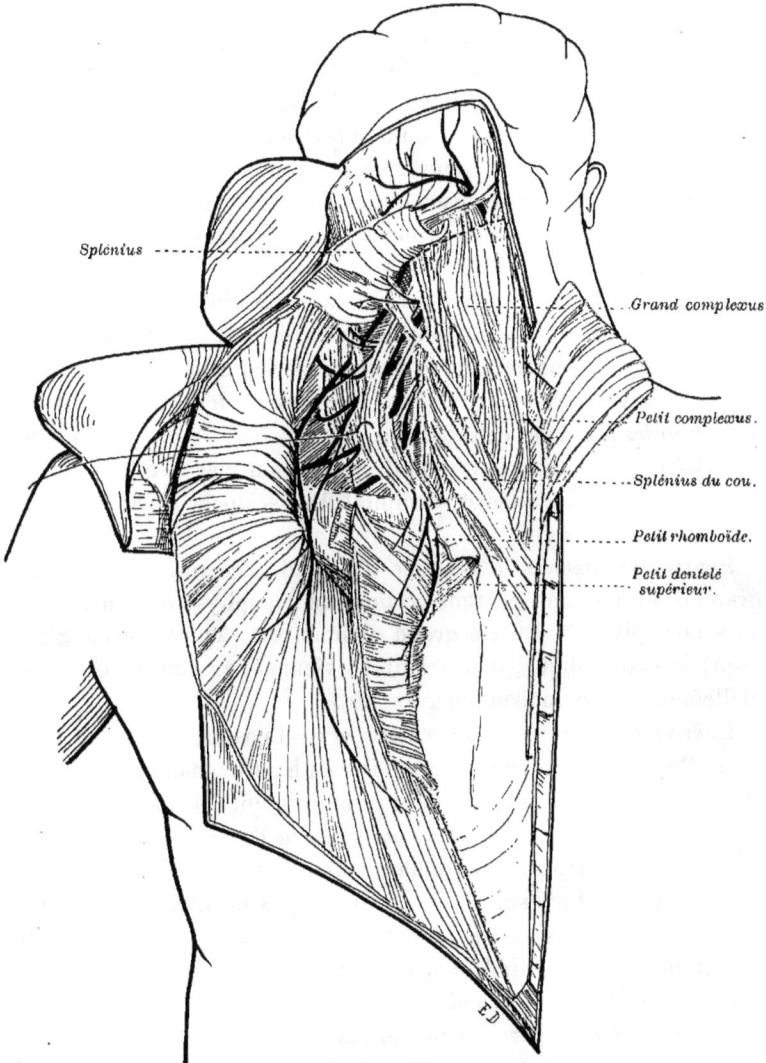

Splénius

Grand complexus

Petit complexus.

Splénius du cou.

Petit rhomboïde.

Petit dentelé supérieur.

LE SPLÉNIUS EST SECTIONNÉ ET RELEVÉ.

L'incision du grand complexus est indiquée en pointillé à la partie supérieure du muscle.

doigt de l'insertion supérieure, et juste au niveau du point où l'on voit le nerf grand occipital d'Arnold émerger entre deux faisceaux. Cette section permet donc de dégager le nerf tandis que le court segment supérieur est rejeté en haut, refoulant la petite arcade aponévrotique du trapèze. Toute la partie inférieure du muscle est relevée en dehors, en repoussant le splénius du cou non sectionné. C'est dans cette portion inférieure du grand complexus qu'aboutissent à la face profonde plusieurs filets nerveux provenant des deuxième, troisième, quatrième nerfs cervicaux postérieurs : vous les suivez aussi loin que possible pour bien relever le muscle.

Vous apercevez maintenant la pyramide terminale du transversaire-épineux aboutissant à l'apophyse épineuse de l'axis : les nerfs que nous avons déjà vus perforer la portion inférieure du splénius s'étalent sur ce transversaire-épineux et lui fournissent des rameaux. Mais ne *vous attardez pas* dans cette région. Le plus important est maintenant de disséquer avec soin la région des petits muscles droits et obliques situés entre l'axis, l'atlas et l'occipital. Des scalpels *courts* et *fins* faciliteront votre besogne.

Écartez en dedans la branche d'Arnold. Reconnaissez le muscle grand droit montant, presque vertical, de l'apophyse épineuse de l'axis vers l'occipital ; le muscle grand oblique, qui s'en écarte à angle très aigu ; le petit oblique, dont les fibres viennent en haut recouvrir partiellement la terminaison du grand droit.

Cherchez de suite le premier nerf cervical postérieur qui les innerve tous. Pour cela vous pouvez remonter en haut et en dehors en partant de l'axis entre le grand droit et le grand oblique. Il est ordinairement *plus aisé de venir chercher, sur le bord externe du grand droit*, le rameau qui le rejoint perpendiculairement vers l'union de ses deux tiers inférieurs avec son tiers supérieur. Si enfin vous ne trouviez pas facilement ce filet, vous auriez encore la ressource de suivre, en partant du grand nerf d'Arnold, l'anastomose qui l'unit au premier nerf cervical par-dessus le grand oblique.

Le premier nerf cervical postérieur ainsi découvert, disséquez les rameaux qui, *formant une étoile à trois branches*, divergent vers les

PLANCHE VI.

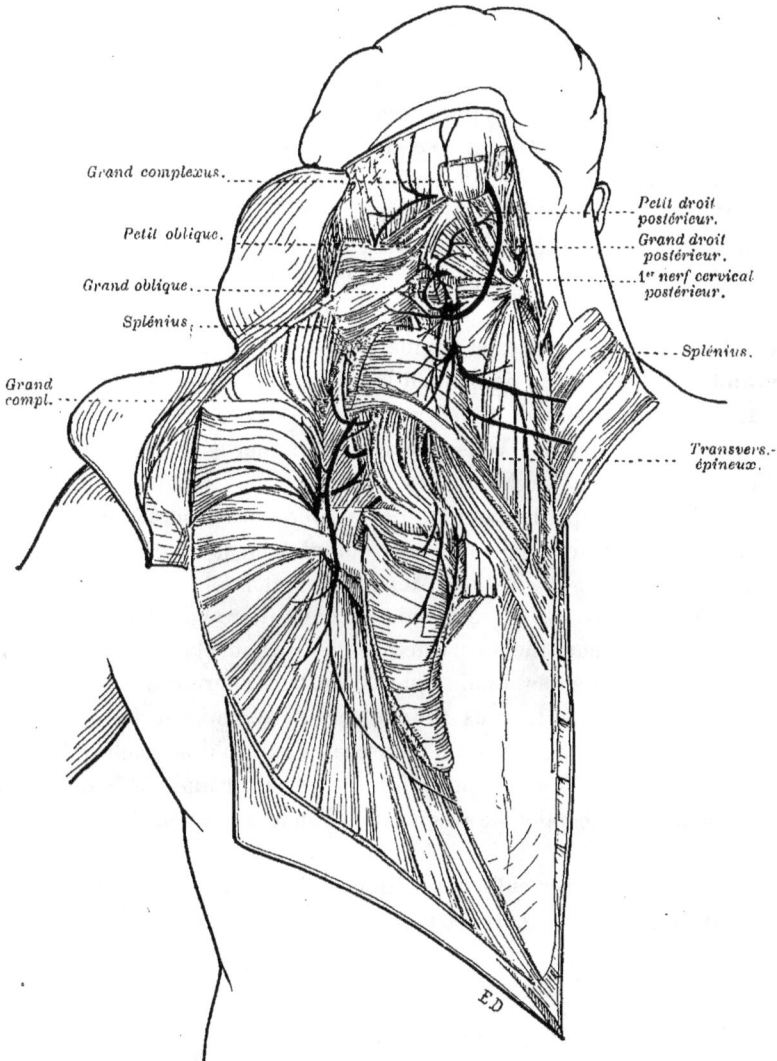

Grand complexus.

Petit oblique.

Grand oblique.

Splénius.

Grand
compl.

Petit droit
postérieur.
Grand droit
postérieur.
1ᵉʳ nerf cervical
postérieur.

Splénius.

Transvers.-
épineux.

ED

ASPECT DE LA PRÉPARATION TERMINÉE.

bords du triangle musculaire. Le rameau du grand droit, après avoir donné des filets à ce muscle, se prolonge jusqu'au petit droit postérieur qu'il faut *chercher plus profondément*, en haut et en dedans, entre le tubercule postérieur de l'atlas et l'occipital. Le rameau du petit oblique est facile à suivre. Celui du grand oblique, *sous-jacent à l'anastomose superficielle* signalée plus haut, plonge en se divisant dans le milieu du muscle : fendez celui-ci sur le plus gros filet et suivez-le : vous trouverez bientôt *une seconde anastomose* intra-musculaire, l'unissant encore au deuxième nerf cervical.

Il faut maintenant remonter vers la racine de ces deux premiers nerfs cervicaux : pour le premier, soulevez l'artère vertébrale et, en écartant le nerf, nettoyez et ruginez l'arc postérieur de l'atlas ; sous le grand oblique, suivez également le grand nerf d'Arnold, jusqu'à son origine *où vous le voyez se séparer du nerf cervical antérieur* ; souvent, un peu plus en dedans, vous pourrez distinguer la racine postérieure du tronc avec son ganglion spinal.

N'oubliez pas que le montage de la préparation sera relativement long : le trapèze est déjà renversé complètement en dehors, mais il faut, avec une érigne élastique, tendre le spinal à la sortie du sterno-mastoïdien. Laissez le rhomboïde et l'angulaire en place, mais en repérant aussi leurs filets nerveux ; tendez en haut et dehors la portion supérieure du splénius, tandis que sa portion inférieure est rabattue vers le côté opposé. Le plus difficile sera de soulever verticalement le grand complexus au moyen d'un arceau pour qu'il ne cache pas trop l'angulaire. Enfin il sera bon parfois de réséquer une partie du corps du grand oblique pour ne pas cacher l'anastomose profonde qui le traverse.

En terminant, fixez enfin la position de la tête pour que les muscles de cette région supérieure gardent une tension convenable.

PLANCHE VII.

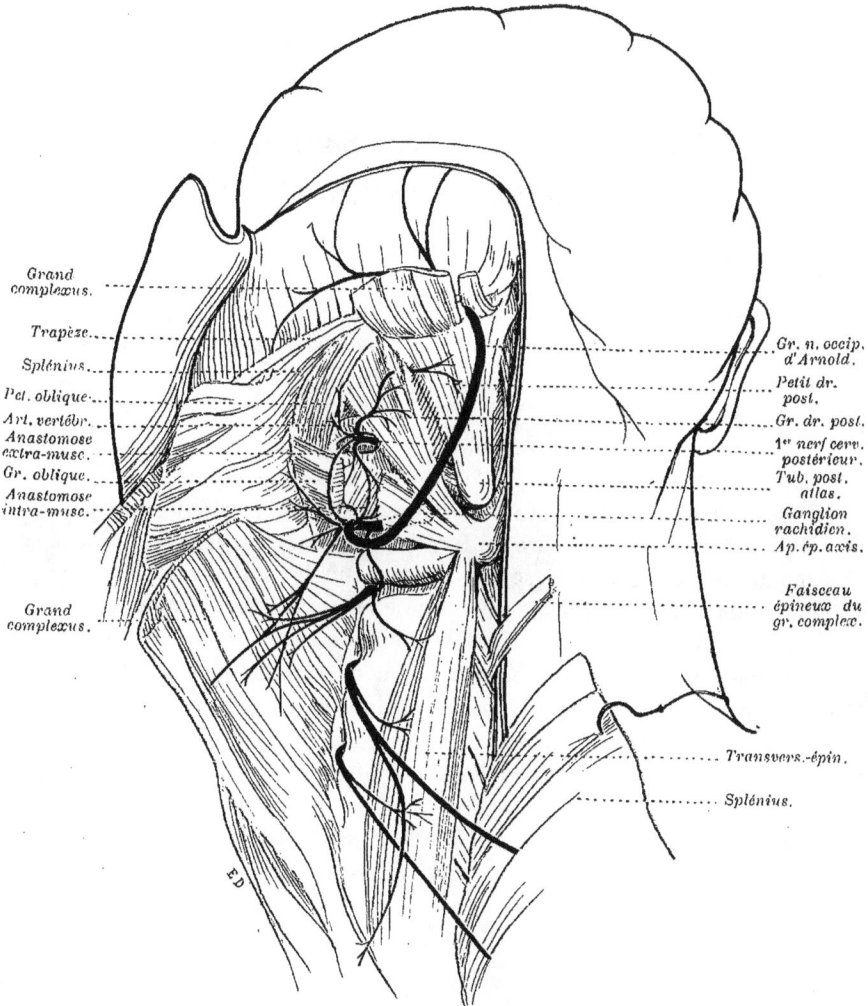

Grand
complexus.

Trapèze.

Splénius.

Pet. oblique.

Art. vertébr.

Anastomose
extra-musc.

Gr. oblique.

Anastomose
intra-musc.

Grand
complexus.

Gr. n. occip.
d'Arnold.

Petit dr.
post.

Gr. dr. post.

1er nerf cerv.
postérieur.

Tub. post.
atlas.

Ganglion
rachidien.

Ap. ép. axis.

Faisceau
épineux du
gr. complex.

Transvers.-épin.

Splénius.

RÉGION SUPÉRIEURE DE LA NUQUE VUE LORSQUE LA TÊTE EST FORTEMENT FLÉCHIE.

NERF FACIAL DANS SA PORTION
EXTRA-CRANIENNE

Avant toute incision, rasez soigneusement la région répondant au territoire du facial, barbe, moustache et cheveux dans la région temporale. Renversez un peu la tête en arrière, la tournant autant que possible du côté opposé.

Les incisions cutanées seront faites avec précaution, car il importe *de n'intéresser absolument que la peau.* Tracez une première incision passant verticalement devant l'oreille, partant d'un point correspondant à la limite supérieure du front, descendant derrière la branche montante du maxillaire, se prolongeant sur le cou suivant la même direction et jusqu'au delà du point où elle croise le bord postérieur du sterno-cléido-mastoïdien. Une deuxième incision coupera celle-ci obliquement, suivant le rebord inférieur du maxillaire depuis la ligne médiane et se prolongera derrière le lobule de l'oreille.

Ces deux incisions, entre-croisées en X, délimitent quatre lambeaux qui tous doivent être relevés. L'antéro-inférieur, répondant à la région du peaucier du cou, sera séparé de ce muscle jusqu'à découvrir son bord antérieur, en ménageant, autant que possible, les filets de la branche transverse du plexus cervical superficiel qui perforent pour

PLANCHE I.

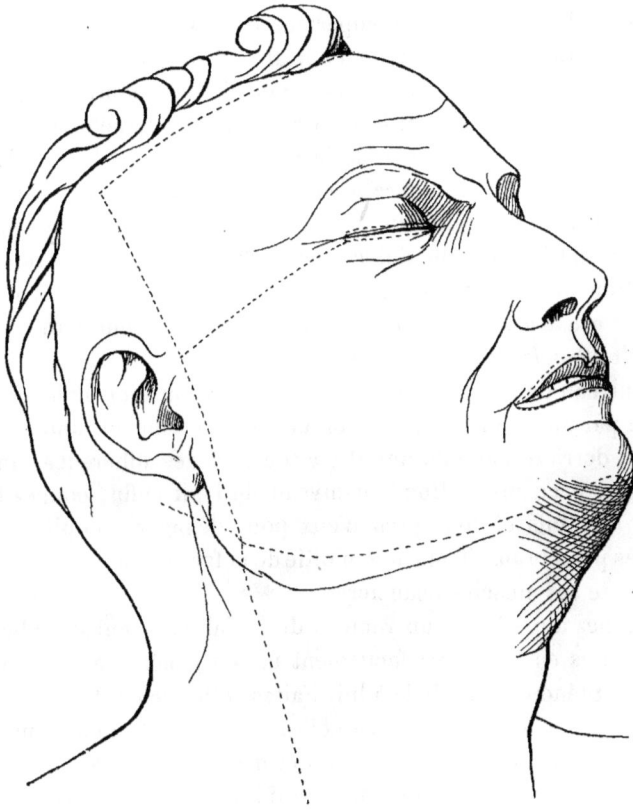

TRACÉ DES INCISIONS CUTANÉES.

aboutir à la peau ; la dissection du lambeau postéro-inférieur dégage les fibres postérieures du peaussier et surtout le sterno-mastoïdien : reconnaissez à ce moment la branche auriculaire du plexus cervical, qui est très rapprochée de l'incision et *suit un trajet parallèle*; suivez-la jusqu'à son épanouissement au voisinage de la parotide.

Le petit lambeau postéro-supérieur encadrant l'oreille sera relevé plus tard. Dès maintenant au contraire, disséquez le grand lambeau correspondant à la face, en vous aidant de deux nouvelles incisions transversales : l'une venant tomber sur l'angle externe de l'œil, l'autre suivant la limite supérieure de la région frontale. Relevez la peau, en *suivant de très près sa face profonde*, sans vous inquiéter de la perforer : cela vaut beaucoup mieux que d'entrer dans les muscles peauciers de la face qui doivent *tous être conservés avec soin*. Cette dissection de la peau, longue et pénible, doit être faite d'*une façon complète avant d'essayer même de voir le facial*; et pour être complète, elle doit *atteindre la ligne médiane*.

Au niveau de la bouche vous séparerez le pourtour de la muqueuse labiale par une incision peu profonde permettant au lambeau de se relever; derrière l'aile du nez, il y a toujours des adhérences qu'il faut disséquer avec précaution; au niveau de l'œil enfin, coupez la peau autour des cils et tout près d'eux pour dégager complètement les muscles palpébraux. Toute une moitié de la face est maintenant visible, revêtue de ses muscles peauciers.

Cherchez alors à voir un rameau du facial, en avant du relief parotidien; vous en trouverez facilement un, en général, au voisinage du canal de Sténon et parallèle à lui. Faites cette recherche avec précaution, dirigeant les coups de scalpel *en travers* sur la joue. Aussitôt un filet découvert, remontez-le vers son origine, en le soulevant et *en fendant droit sur lui* la glande parotide; vous rencontrerez chemin faisant d'autres filets s'unissant au premier ou s'en détachant; mais ne vous occupez pas de les suivre; remontez toujours en coupant la glande de plus en plus profondément et cela jusqu'à ce que vous soyez conduit sur le tronc même du facial, en amont de sa bifurcation. Soulevez ce tronc avec une érigne. La glande parotide est fendue

PLANCHE II.

Frontal.

Orbiculaire.

Grand zygomatique.

Pyramidal.

Releveur superficiel.

Petit zygomatique.

Can. de Sténon.

Rameau du facial.

Risorius.

Branche auriculaire du pl. cervical.

Houp. du ment.

Carré du menton.

Triangulaire des lèvres.

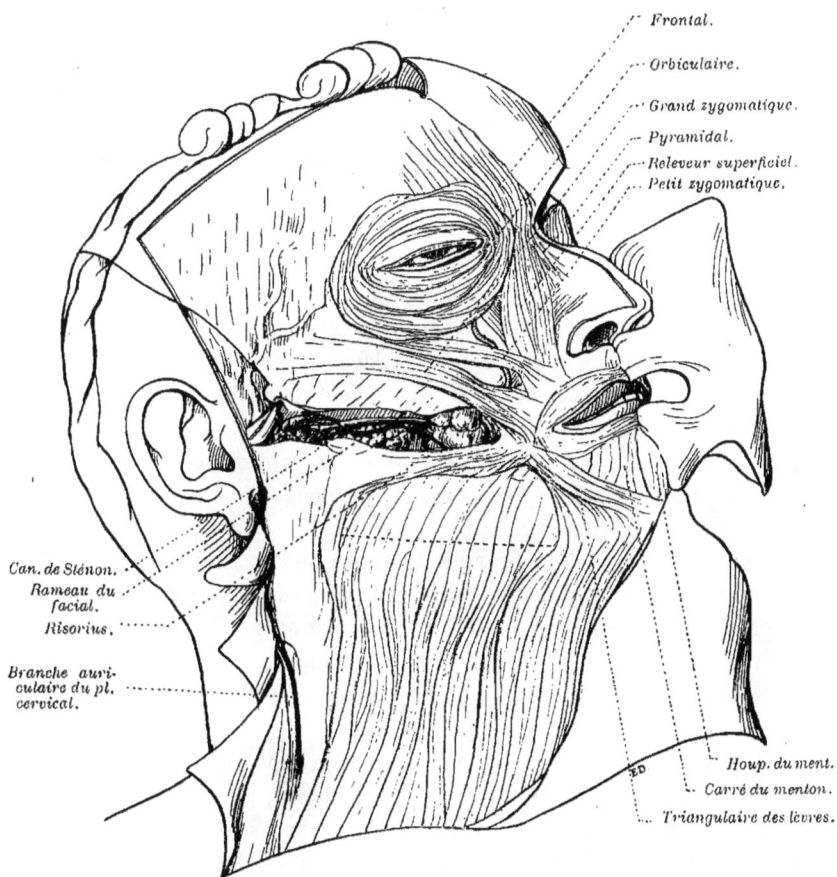

DÉCOUVERTE D'UN RAMEAU DU FACIAL.

profondément; ne vous occupez pas d'en enlever les lobules; ils disparaîtront à mesure pendant la dissection des branches.

Commencez cette dissection par les plus élevées ou les inférieures, peu importe, mais en *allant régulièrement d'une extrémité à l'autre* du territoire du facial. Si donc vous prenez d'abord la branche cervico-faciale, ayez soin de la tendre au moyen d'une érigne élastique et suivez-la derrière l'angle de la mâchoire sous lequel elle se recourbe en avant. Souvent vous verrez un filet suivre la jugulaire externe et s'anastomoser avec la branche auriculaire du plexus cervical. Relevez le muscle peaucier du cou en le sectionnant en haut à peu près *au niveau du bord inférieur de la mâchoire*. A sa face profonde vous suivez les rameaux de la branche cervico-faciale et par leurs anastomoses vous êtes conduit sur les divisions de la cervicale transverse.

Un autre filet remonte vers la face externe du maxillaire et s'enfonce sous le triangulaire des lèvres : soulevez ce muscle ; vous trouvez l'anastomose du facial avec le nerf mentonnier, dont les rameaux s'épanouissent au-dessus du trou mentonnier. En dedans du triangulaire, vous découvrirez enfin les petits filets destinés au carré du menton : pour les mieux voir, tirez doucement sur le nerf au point où il s'engage sous le triangulaire.

Prenez maintenant la branche temporo-faciale : ses rameaux inférieurs donnent au risorius de Santorini dont vous ne conserverez que la partie tout antérieure; sous lui, cherchez au milieu du bord antérieur du masséter l'anastomose, souvent double, avec le nerf buccal ; un peu plus en avant, vous trouvez les minces filets, noyés dans la graisse, destinés au buccinateur.

Plus haut, les filets s'engagent sous le grand zygomatique tout en l'innervant; reprenez ces filets en dedans de lui, puis au delà du petit zygomatique; voyez à ce niveau les nombreuses anastomoses ou intrications entre le facial et les branches descendantes du sous-orbitaire; suivez loin en dedans les filets du facial, vers la lèvre supérieure, vers l'aile du nez.

Tous les filets recouvrant le masséter sont disséqués, débarrassez ce muscle des débris parotidiens qui le recouvrent *en même temps* que

PLANCHE III.

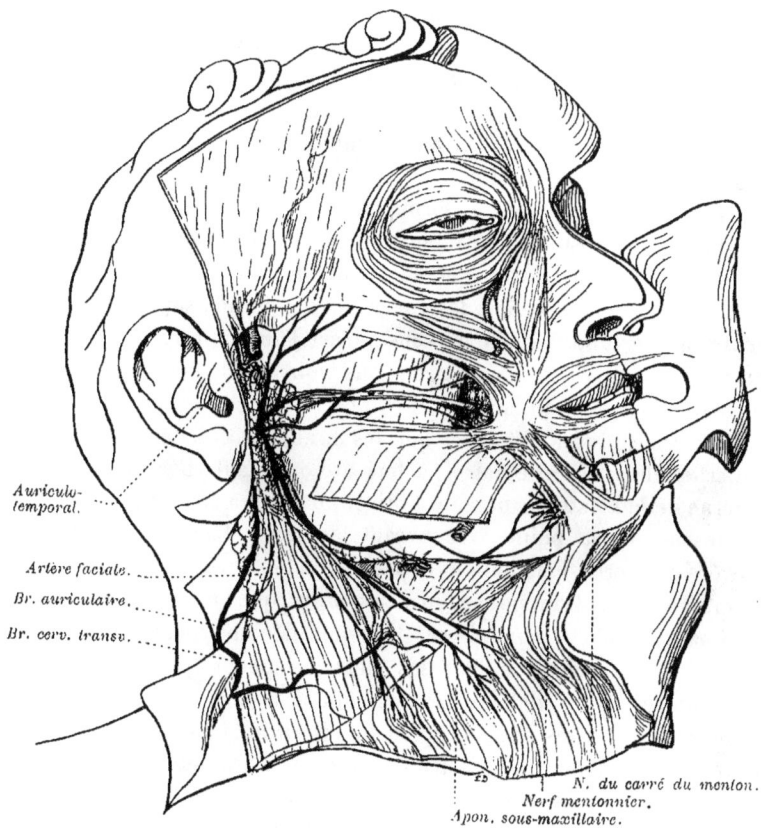

Auriculo-
temporal.

Artère faciale.
Br. auriculaire.
Br. cerv. transv.

N. du carré du menton.
Nerf mentonnier.
Apon. sous-maxillaire.

BRANCHE CERVICO-FACIALE ET SES ANASTOMOSES.

de son aponévrose : pendant ce travail ménagez les filets du facial que croisent vos coups de scalpel; employez à ce moment une lame très courte. Extirpez par traction la boule de Bichat. Suivez les filets destinés à la partie inférieure de l'orbiculaire des paupières; parfois, devant le malaire. sous la partie inférieure et externe de l'orbiculaire, vous verrez sortir le filet malaire du temporo-malaire qui s'unit au facial par une très fine anastomose.

Les filets les plus élevés croisent l'arcade zygomatique, puis traversent la région temporale; certains semblent s'enfoncer dans l'aponévrose : ce sont des anastomoses avec le filet temporal du temporo-malaire; les autres vont à l'orbiculaire, au temporal superficiel, au frontal; un filet, suivant le rebord supérieur de l'orbite, va s'unir au sus-orbitaire : cherchez-le à la face profonde de l'orbiculaire.

En arrière enfin, derrière les vaisseaux temporaux superficiels, vous voyez monter une branche nerveuse, c'est l'auriculo-temporal; il sort derrière le condyle du maxillaire : vous trouverez là deux petites anastomoses l'unissant au facial.

Il ne reste plus à disséquer que les branches collatérales. La plus superficielle est l'auriculaire postérieure qu'il faut chercher à la face externe de la mastoïde, passant horizontalement à 10 ou 12 millimètres au-dessus de sa pointe, recouvrant les fibres tendineuses les plus élevées du sterno-mastoïdien, et cachée d'abord par les lobules postérieurs de la parotide; pour ne pas la couper, que votre scalpel *travaille horizontalement* sur l'apophyse. Une fois découverte, vous la voyez bientôt se bifurquer : suivez ses filets ascendants pour les muscles auriculaires et ses filets horizontaux allant au muscle occipital.

Débarrassez-vous de ce qui peut subsister de la parotide; découvrez le ventre postérieur du digastrique : sur son bord antérieur arrive un petit rameau; c'est souvent du même tronc que se détache un filet plus profond allant au stylo-hyoïdien. Pour bien disséquer l'origine de ces filets et celle du facial il faut vous donner un peu de jour : juste *au-dessous du passage de l'auriculaire postérieure* faites sauter avec un ciseau 1 centimètre de la pointe de la mastoïde, en *évitant une échappée dans la profondeur*; cela vous permet de refouler en arrière ce

PLANCHE IV.

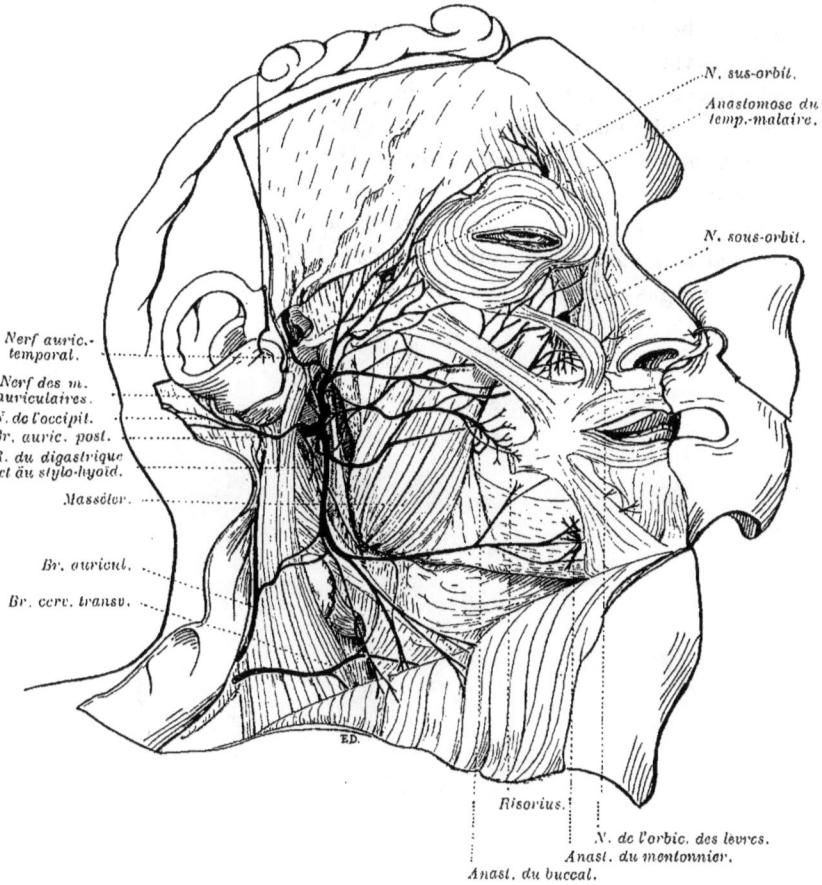

NERF FACIAL AVEC SES BRANCHES COLLATÉRALES ET TERMINALES.

fragment de l'apophyse et d'arriver commodément sur la partie profonde du facial. Cherchez alors si un filet ne gagne pas le stylo-glosse : peut-être aurez-vous la chance de le trouver. Ce que vous verrez plus facilement c'est une anse anastomotique, anse de Haller, passant horizontalement devant la jugulaire interne et derrière l'apophyse styloïde pour aboutir à un tronc nerveux qu'il faut dégager sur quelques centimètres, le glosso-pharyngien. Enfin presque constamment, à côté du nerf du stylo-hyoïdien et en dedans de lui vous verrez *un rameau s'épanouir autour de la carotide externe.*

Pour monter, contentez-vous de soulever légèrement le tronc du facial; il sera bon aussi de tendre en avant le muscle peaucier du cou ; si cela vous semble utile, relevez le lobule de l'oreille qu'il vaut mieux ne pas sacrifier.

PLANCHE V.

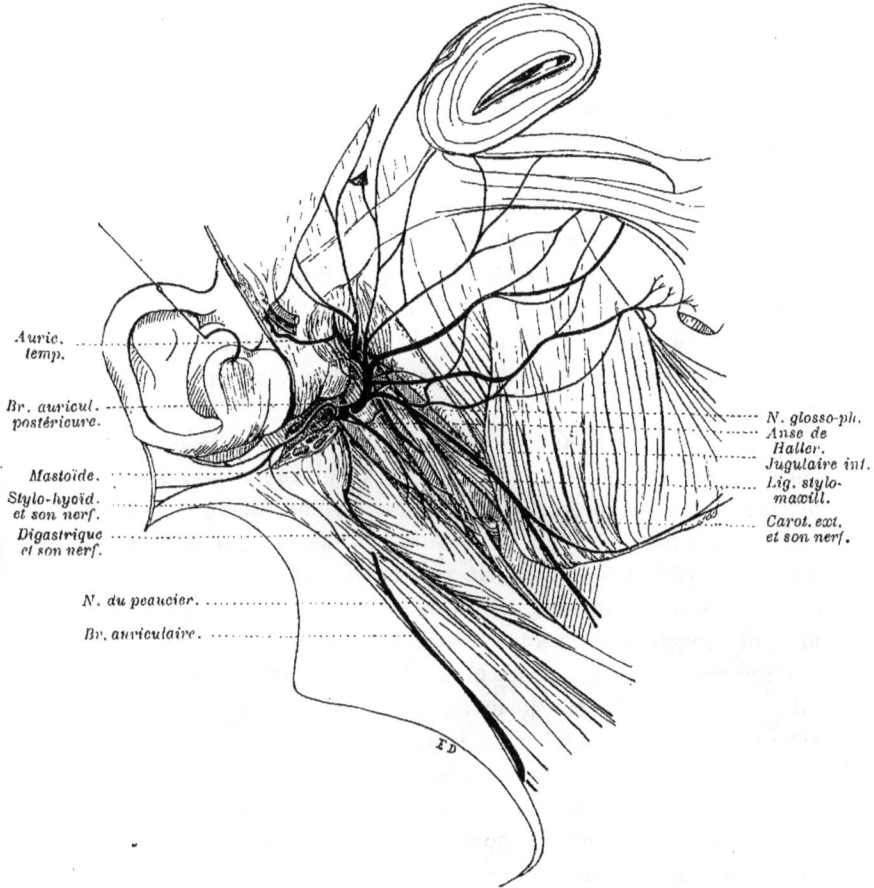

Auric.
temp.

Br. auricul.
postérieure.

Mastoïde.
Stylo-hyoïd.
et son nerf.
Digastrique
et son nerf.

N. du peaucier.

Br. auriculaire.

N. glosso-ph.
Anse de
Haller.
Jugulaire inf.
Lig. stylo-
maxill.
Carot. ext.
et son nerf.

F. D.

BRANCHES COLLATÉRALES EXTRA-CRANIENNES DU FACIAL.

MUSCLES ET NERFS DE LA LANGUE

Pour disséquer la langue et les nerfs qui l'abordent, il est nécessaire de sacrifier le maxillaire inférieur; une résection du bord alvéolaire serait insuffisante, puisqu'il faut descendre jusqu'à l'os hyoïde. En renversant au contraire une moitié du maxillaire inférieur, *que retiendront seuls le mylo-hyoïdien et le digastrique,* toute la région est largement exposée.

Commencez donc par inciser les téguments de la lèvre inférieure sur la ligne médiane, ou un peu en dehors d'elle, en descendant devant le maxillaire puis, au-dessous jusqu'à l'os hyoïde; allez d'abord jusqu'à l'os et, sous le menton, jusqu'au muscle seulement; sciez immédiatement le maxillaire inférieur, un peu en dehors de la ligne médiane, c'est-à-dire à peu près au niveau de l'incisive latérale que vous aurez arrachée : vous êtes sûr ainsi *de ménager les apophyses géni.*

Reprenez la section des téguments en partant de la commissure labiale, horizontalement, jusqu'au niveau du bord antérieur du masséter; remontez verticalement jusqu'à l'angle inférieur du malaire; suivez le bord inférieur de l'arcade zygomatique jusqu'à l'oreille; descendez enfin devant celle-ci, et derrière le maxillaire jusqu'au delà de son bord inférieur. Sectionnez d'abord la peau; puis le masséter au ras de ses insertions supérieures; coupez le buccinateur en travers;

PLANCHE 1.

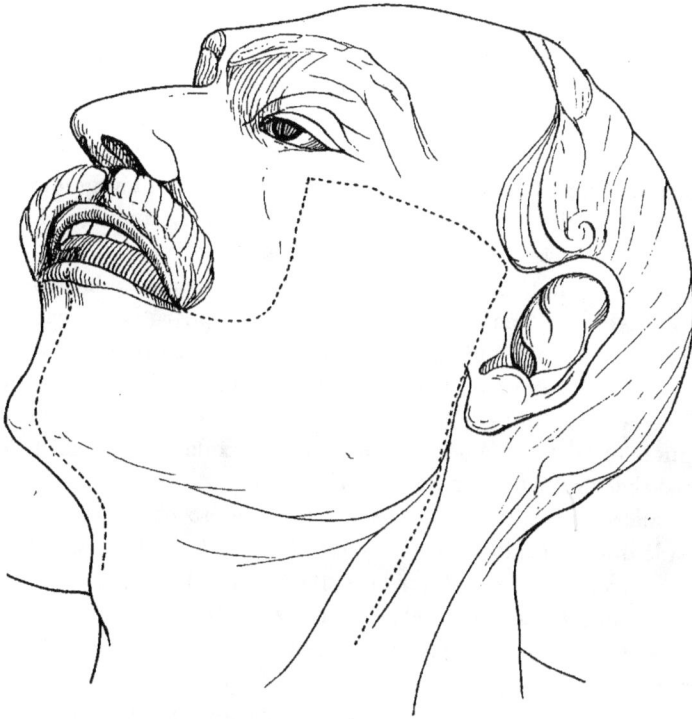

TRACÉ DES INCISIONS CUTANÉES.

contournez de près l'apophyse coronoïde en *évitant de plonger trop la pointe* du scalpel pour ne couper que l'insertion du temporal. Derrière ces muscles, ouvrez l'articulation temporo-maxillaire en sectionnant tout le pourtour de la capsule ; en passant devant l'articulation, atteignez et sectionnez l'insertion terminale du ptérygoïdien externe ; libérez enfin le bord postérieur de la branche montante.

Renversez maintenant en dehors la moitié du maxillaire inférieur ainsi dégagée ; elle n'est retenue que par les ligaments accessoires, peu résistants, par le ptérygoïdien externe et par le nerf dentaire inférieur. Vous ne tardez pas à apercevoir ce dernier, plongeant derrière l'épine de Spix : coupez-le à ce niveau ; quant au ptérygoïdien, son insertion maxillaire se décolle à mesure que l'os se renverse et au besoin vous achevez de la détacher jusqu'au bord inférieur de l'os. Le maxillaire, complètement renversé, n'est plus rattaché à la région que par le mylo-hyoïdien dont la face profonde apparaît et par le ventre antérieur du digastrique dont vous apercevez l'insertion. D'autres organes sont déjà exposés : ce sont les nerfs dentaire inférieur sectionné et lingual, reposant sur le ptérygoïdien interne ; c'est la glande sublinguale et l'extrémité de la glande sous-maxillaire ; en haut la boule graisseuse de Bichat ; en arrière la parotide.

Il faut vous donner du jour sur l'espace latéro-pharyngien, puisque c'est là que vous allez *chercher d'abord les nerfs* destinés à la langue. Commencez donc par enlever la boule de Bichat ; coupez le plus haut possible le muscle temporal ; enlevez complètement le muscle ptérygoïdien externe, puis le ptérygoïdien interne dont vous coupez le filet nerveux.

Le nerf maxillaire inférieur est alors découvert jusqu'à la base du crâne. Disséquez-le en partant de là pour bien montrer l'arrivée de la corde du tympan. Plus en arrière reconnaissez, l'apophyse styloïde et derrière elle le nerf facial. Dégagez la portion profonde de celui-ci, et sectionnez-le un peu au delà de sa division tout en extirpant, rapidement la glande parotide ; cela vous permet de reconnaître ses branches : nerfs du ventre postérieur du digastrique et du stylo-

PLANCHE II.

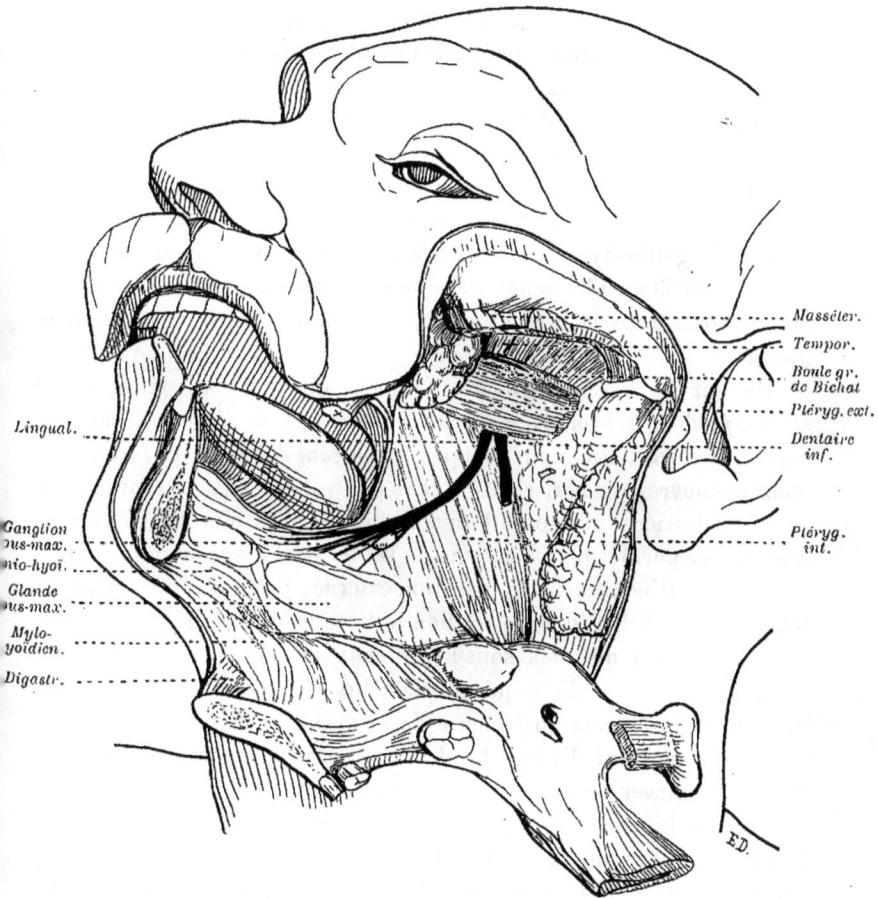

Masséter.

Tempor.

Boule gr. de Bichat

Ptéryg. ext.

Dentaire inf.

Lingual.

Ganglion ous-max.

nio-hyoï.

Glande ous-max.

Ptéryg. int.

Mylo-yoïdien.

Digastr.

E.D.

LE MAXILLAIRE INFÉRIEUR EST RABATTU; LE DENTAIRE INFÉRIEUR A ÉTÉ SECTIONNÉ; LE LINGUAL APPARAIT AVEC SES FILETS SOUS-MAXILLAIRES.

hyoïdien, rameau carotidien, enfin anastomose avec le glosso-pharyngien derrière la styloïde.

Suivez maintenant le nerf lingual; au point même où il se recourbe,
vous voyez se détacher plusieurs filets aboutissant à un ganglion
sous-maxillaire; conservez avec lui un fragment de la glande et surtout le canal de Warthon pour bien montrer comment le lingual va le
contourner par-dessous.

Sans suivre ce nerf davantage, venez maintenant prendre le grand
hypoglosse au point où il se dégage au-dessus du tendon inter-
médiaire du digastrique : de suite vous apercevez un certain nombre
de filets qui s'en détachent en s'épanouissant : ce sont, de bas en haut,
le nerf du génio-hyoïdien, les filets du génio-glosse, ceux de l'hyo-
glosse, des filets plongeant dans les autres muscles, une ou deux
anastomoses avec le lingual, enfin, plus en arrière, le nerf du stylo-
glosse.

Dégagez ce dernier muscle. Coupez, derrière lui, le ligament
stylo-hyoïdien : *profondément par rapport à ce ligament*, sous la
carotide externe que vous coupez, et *suivant l'obliquité de la styloïde*,
vous découvrez un nerf relativement peu volumineux, le glosso-pharyngien; derrière lui apparaît un cordon plus gros, c'est l'hypoglosse ;
reprenez ce dernier plus bas, sous le ventre postérieur du digastrique,
au point où il contourne la carotide externe; vous pourrez en même
temps suivre et disséquer la portion initiale de la branche descendante
qu'il envoie aux muscles sous-hyoïdiens; puis, un peu plus loin, le
nerf du thyro-hyoïdien qui se détache du grand hypoglosse au
niveau de l'extrémité postérieure de la grande corne.

Il est bon, avant d'aller aborder les muscles dans la langue elle-
même, d'achever cette région postérieure, en disséquant, ce qui est
vite fait, la bifurcation de la carotide, le corpuscule intercarotidien,
le pneumogastrique et le nerf laryngé supérieur. Le tronc thyro-
linguo-facial, sectionné tout près de la jugulaire, *sera lié* s'il renferme
du sang et sectionné très court.

Arrivez maintenant à la langue. Attirez-la *très fortement en avant* au
moyen d'une érigne embrochant sa pointe. Disséquez et enlevez la

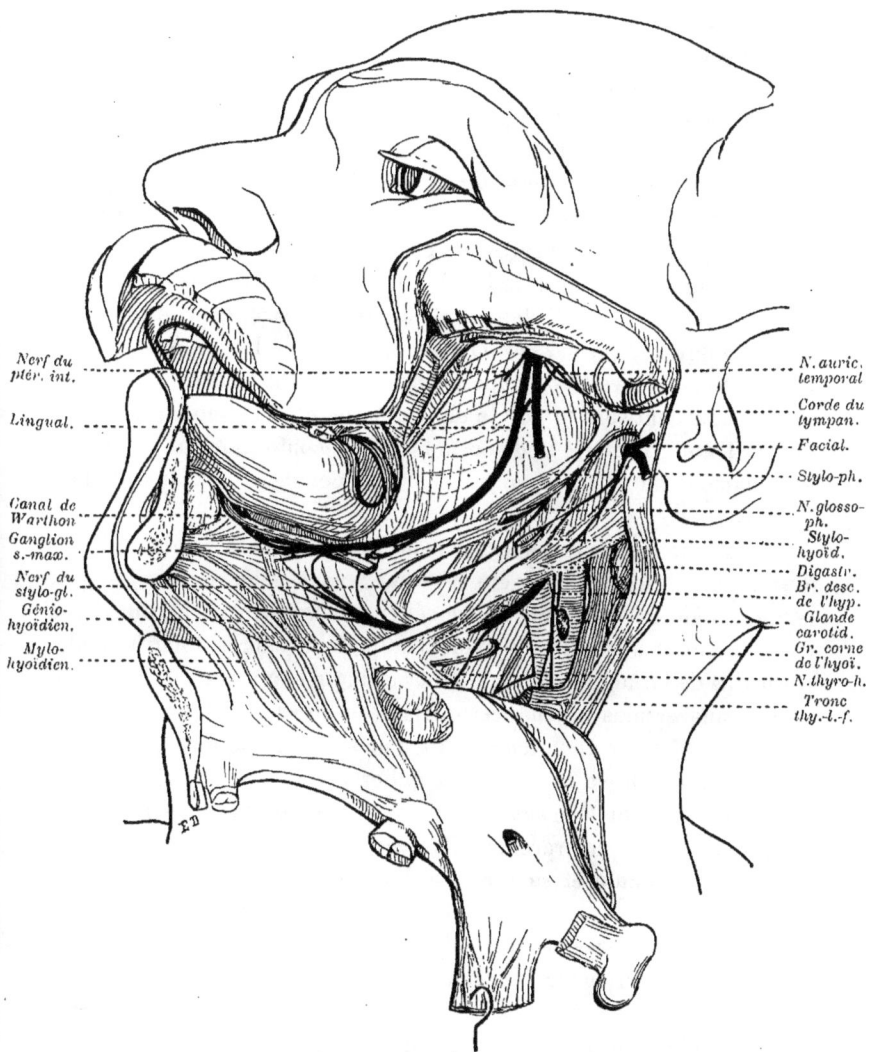

Nerf du
ptér. int.

Lingual.

Canal de
Warthon

Ganglion
s.-max.

Nerf du
stylo-gl.

Génio-
hyoïdien.

Mylo-
hyoïdien.

N. auric.
temporal

Corde du
tympan.

Facial.

Stylo-ph.

N. glosso-
ph.
Stylo-
hyoïd.
Digastr.
Br. desc.
de l'hyp.
Glande
carotid.
Gr. corne
de l'hyoï.
N. thyro-h.
Tronc
thy.-l.-f.

LE NERF FACIAL, L'ARTÈRE CAROTIDE EXTERNE SONT SECTIONNÉS;
LE GRAND HYPOGLOSSE EST DISSÉQUÉ; LE GLOSSO-PHARYNGIEN APPARAÎT.

muqueuse du plancher et la glande sublinguale, puis la muqueuse
linguale, ce qui est facile à la face inférieure, tandis qu'à la face dorsale vous coupez ordinairement en plein muscle. Il va falloir chercher
successivement et isoler chacun des muscles.

Au-dessus du génio-hyoïdien, que vous avez pu voir dès le début,
disséquez le large éventail formé par le génio-glosse; c'est là qu'aboutissent la plupart des fibres terminales de l'hypoglosse. Un peu en
arrière, l'hyo-glosse est aussi très facile à reconnaître avec les nombreux filets nerveux qu'il reçoit de l'hypoglosse ou de son anastomose
avec le lingual. Soulevez le bord antérieur de l'hyo-glosse et *attirez-
le en arrière*, en le soutenant au besoin avec une érigne : sous
l'artère linguale, qui passe à la face profonde de l'hyo-glosse et que
vous pouvez enlever, vous apercevez un faisceau charnu qui monte
en se recourbant vers la pointe de la langue, c'est le lingual inférieur.
Le bord antéro-inférieur de ce muscle est contourné par les riches
terminaisons du nerf lingual qui plonge à ce niveau et disparaît dans
la langue.

Rejoignant la partie supérieure de l'hyo-glosse à angle droit, le
muscle stylo-glosse a déjà été reconnu : vous achevez de disséquer
ses terminaisons imbriquées avec celles de l'hyo-glosse, et, plus haut,
vous cherchez à mettre en évidence quelques fibres longitudinales
sur le dos de la langue, appartenant au lingual supérieur, et quelques
fibres transversales qui figureront le transverse : ces deux muscles
sont *très difficiles à voir*, leurs limites ne sont rien moins que nettes.

Débarrassez de sa muqueuse le pilier antérieur du voile, et vous
apercevrez les fibres assez minces du staphylo-glosse; derrière lui,
les fibres, encore plus rares, de l'amygdalo-glosse sur lequel passe la
palatine ascendante et sa branche, l'artère tonsillaire.

Au-dessus du crochet de la ptérygoïde, disséquez le péristaphylin
externe dont vous sépare une mince aponévrose; plus bas, c'est le
constricteur supérieur du pharynx que vous pouvez suivre en arrière :
c'est de cette partie postérieure du muscle que vous verrez se détacher des fibres peu épaisses passant sous le stylo-glosse, mais
au-dessus du stylo-pharyngien, et plongeant dans la langue où elles

PLANCHE IV.

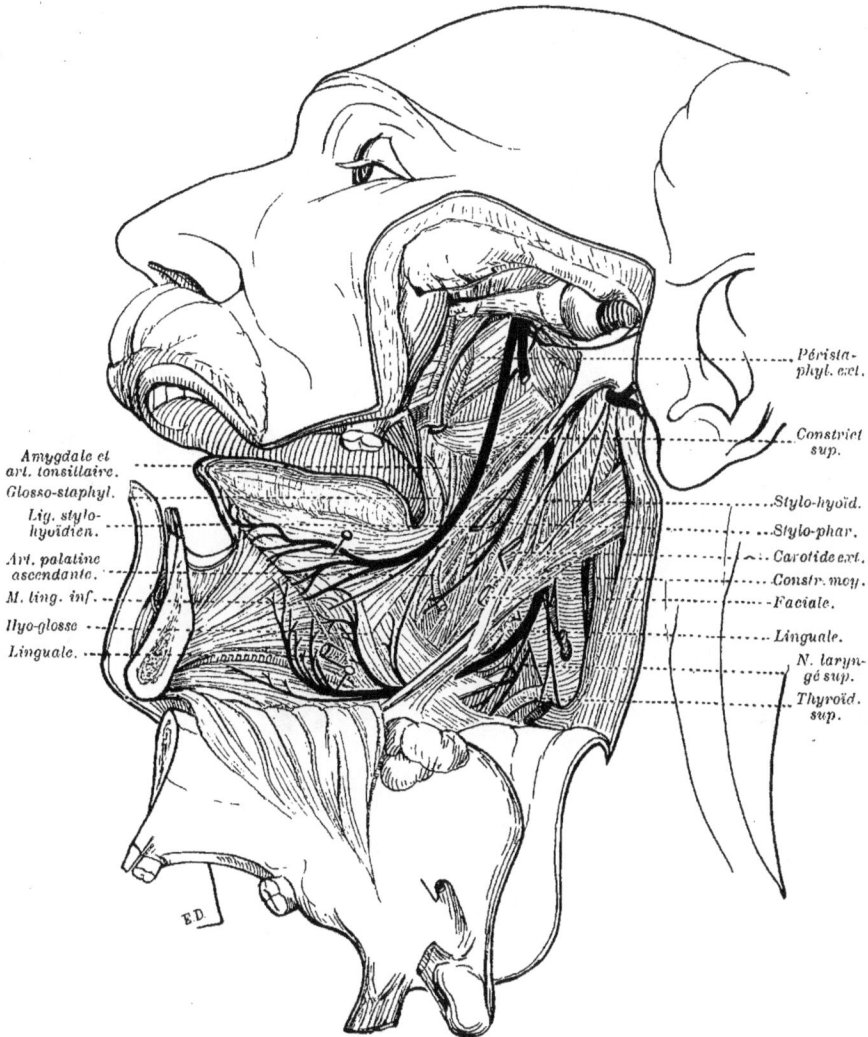

Amygdale et
art. tonsillaire.
Glosso-staphyl.
Lig. stylo-
hyoïdien.
Art. palatine
ascendante.
M. ling. inf.
Hyo-glosse
Linguale.

Pérista-
phyl. ext.

Constrict
sup.

Stylo-hyoïd.
Stylo-phar.
Carotide ext.
Constr. moy.
Faciale.
Linguale.
N. laryn-
gé sup.
Thyroïd.
sup.

ED

LES TERMINAISONS DU NERF LINGUAL SONT DISSÉQUÉES;
LE MUSCLE HYO-GLOSSE CACHE EN PARTIE LE LINGUAL INFÉRIEUR.

s'épanouissent sur une assez grande hauteur, depuis un niveau sus-jacent au stylo-glosse jusqu'à un point répondant à la partie moyenne des fibres postérieures de l'hyo-glosse : ces fibres constituent le pharyngo-glosse.

Enfin, sous le stylo-pharyngien et sous le nerf glosso-pharyngien apparaît une portion du constricteur moyen qu'il est bon de disséquer un peu : la section de l'artère faciale, tout près de son origine, facilitera ce temps.

Pour monter, contentez-vous de laisser la langue très fortement attirée en haut et en avant; soulevez, avec une épingle, les filets du nerf lingual, abaissez au contraire ceux de l'hypoglosse. Vous pourriez, pour mieux montrer les fibres profondes, couper en son milieu le muscle hyo-glosse; cela n'est pas néanmoins à conseiller, car la région perdrait beaucoup de son caractère ; il vaut mieux se contenter de soulever fortement le muscle bien disséqué et de refouler un peu en arrière son bord antérieur : le lingual inférieur apparaîtra très suffisamment.

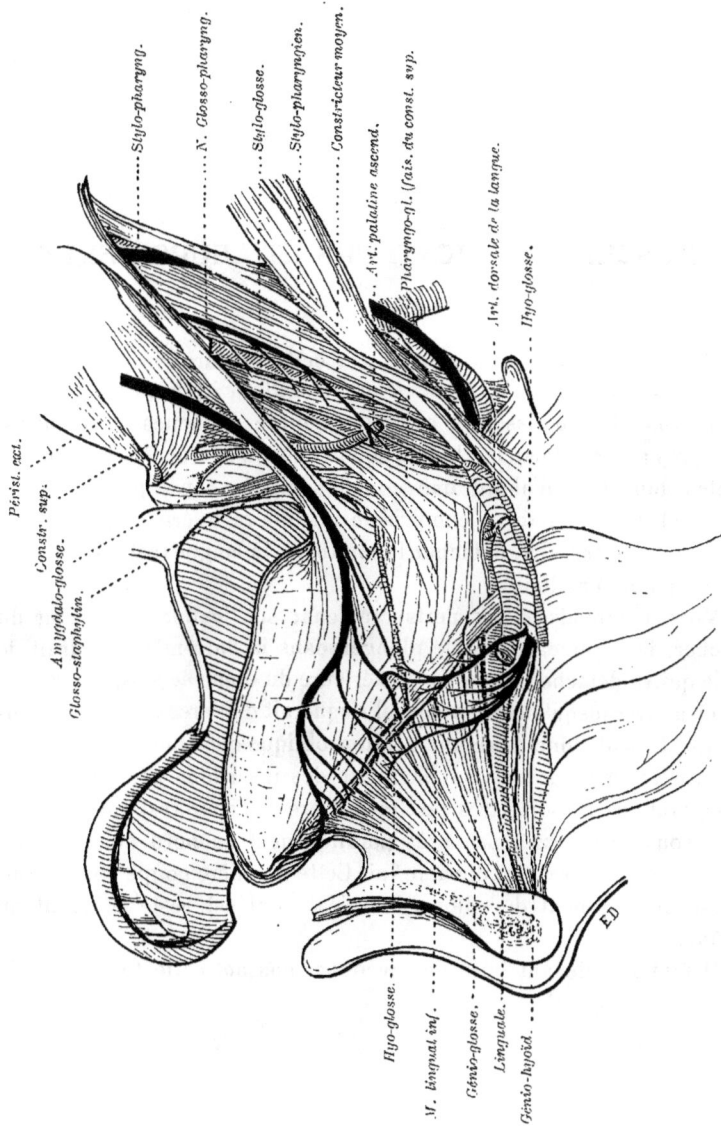

PLANCHE V.

Stylo-pharyng.

N. Glosso-pharyng.

Stylo-glosse.

Stylo-pharyngien.

Constricteur moyen.

Art. palatine ascend.

Pharyngo-gl. (fais. du const. sup.

Art. dorsale de la langue.

Hyo-glosse.

Périst. ext.

Constr. sup.

Amygdalo-glosse.

Glosso-staphylin.

Hyo-glosse.

M. lingual inf.

Génio-glosse.

Linguale.

Génio-hyoïd.

ED

RÉGION LINGUALE PROPREMENT DITE APRÈS SECTION DE L'HYO-GLOSSE.

(Les dimensions sont augmentées par rapport à la figure précédente pour permettre de mieux distinguer les détails.)

MUSCLES MASTICATEURS ET LEURS NERFS

Il y a tout avantage à commencer cette préparation par la coupe osseuse qui permettra *d'aborder le nerf maxillaire inférieur au niveau du trou ovale* et d'en disséquer commodément les branches musculaires.

Après avoir désarticulé la tête sous l'axis ou la troisième cervicale, faites donc tout d'abord une coupe sagittale, à peu près médiane, divisant toute la tête, y compris le maxillaire inférieur. Enlevez le cerveau et le cervelet, détachez la moitié de la langue restée adhérente au corps du maxillaire.

Vous reconnaissez les nerfs crâniens; sur le bord supérieur du rocher, le trijumeau semble plonger dans la dure-mère. Le trait de scie qui va détacher la partie postérieure du crâne *ne peut, du premier coup,* arriver jusqu'au trou ovale; il risquerait d'intéresser les ptérygoïdiens. Il faut donc faire une section oblique que vous commencerez en arrière et en dehors, sur la limite des insertions postérieures du temporal, c'est-à-dire très peu en arrière de l'apophyse mastoïde, et que vous dirigerez à peu près parallèlement au bord supérieur du rocher, mais en restant derrière lui. Cette première coupe vous débarrasse du fragment de colonne cervicale qui est resté adhérent au crâne.

Il faut maintenant faire une recoupe, passant cette fois *au ras du*

Planche I.

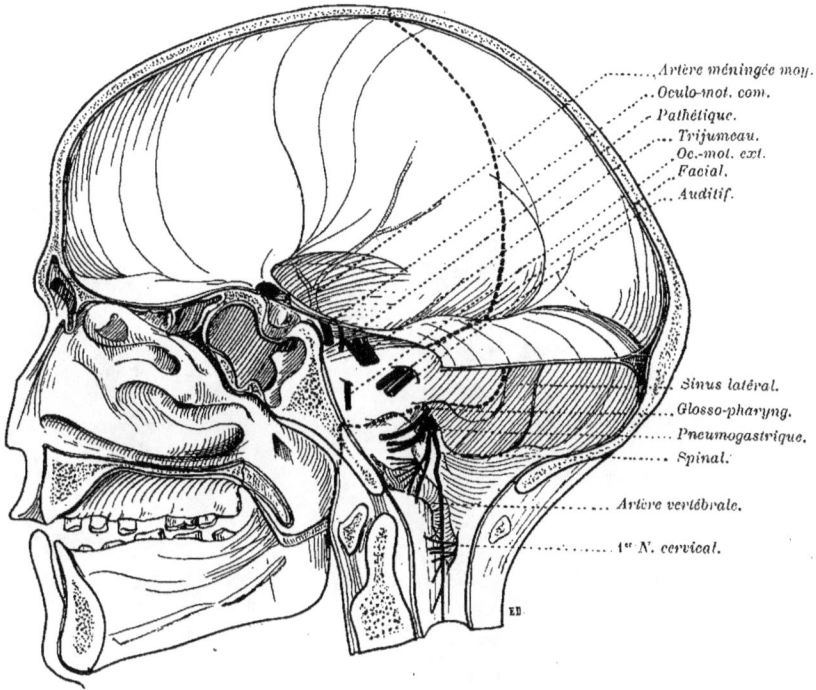

Artère méningée moy.
Oculo-mot. com.
Pathétique.
Trijumeau.
Oc.-mot. ext.
Facial.
Auditif.

Sinus latéral.
Glosso-pharyng.
Pneumogastrique.
Spinal.

Artère vertébrale.

1ᵉʳ N. cervical.

COUPE SAGITTALE DE LA TÊTE AVEC LES RAPPORTS DES NERFS CRANIENS.
(En pointillé fort le trajet que suivra la scie dans un deuxième temps.)

PLANCHE II.

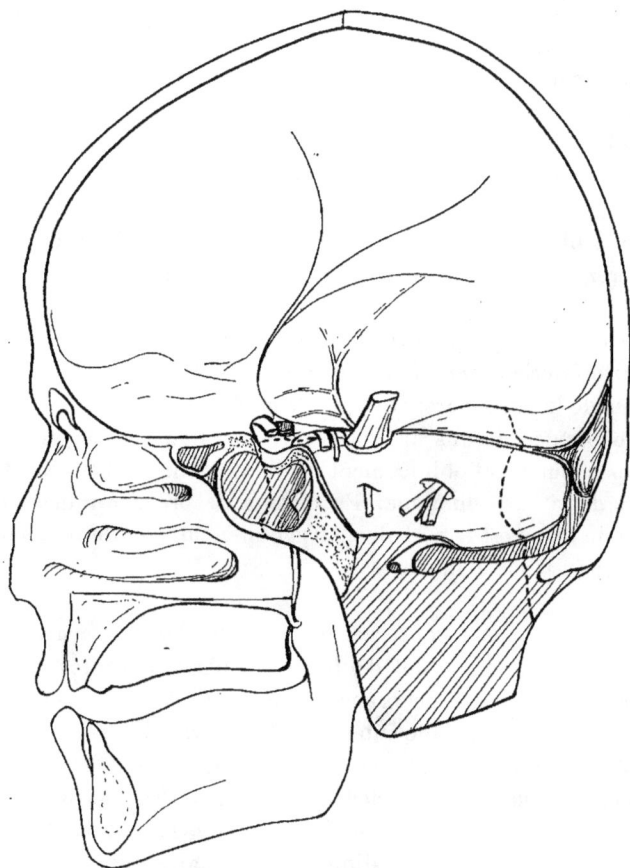

La coupe indiquée sur la planche précédente a été pratiquée; il faut faire une recoupe plus oblique encore (suivant le pointillé).

bord postérieur du trou ovale. Commencez par suivre le nerf trijumeau dans la dure-mère et disséquez-le jusqu'au point où sa branche la plus externe, le nerf maxillaire inférieur, disparaît dans ce trou ovale. Assurez-vous, d'autre part, qu'au-dessous de la base du crâne la scie *n'intéressera pas le ptérygoïdien interne* dont les fibres, gagnant obliquement l'angle du maxillaire, sont déjà visibles. Commencez le trait de scie sur la partie externe de la face postérieure du rocher et dirigez-le obliquement d'arrière en avant et de dedans en dehors, de façon qu'il affleure le bord postérieur du trou ovale; il viendra se terminer vers la partie antérieure de la selle turcique.

Il n'est *pas utile que le trou ovale soit ouvert* par ce trait de scie; il est même plus prudent de passer à 1 ou 2 millimètres en arrière : vous serez plus sûr de ne pas léser le nerf maxillaire inférieur et il vous sera très facile de le dégager en faisant sauter, de deux coups de ciseau, le petit pont osseux qui l'enferme. Soulevez le nerf maxillaire inférieur *sans le tirailler*, car il est très fragile avant la traversée de la dure-mère, et suivez-le en descendant.

En dehors de lui vous apercevez presque immédiatement la corde du tympan qui vient obliquement rejoindre le lingual à 12 ou 15 millimètres de la base du crâne. En dedans, le premier rameau qui se détache du tronc est le nerf du ptérygoïdien interne, du péristaphylin externe et du muscle du marteau.

Vous n'aurez pas à conserver ici le péristaphylin externe, dont les insertions supérieures sont d'ailleurs en partie détruites : achevez de détacher le muscle du crâne et soulevez-le pour le sectionner au niveau du crochet de l'aile interne de la ptérygoïde : vous découvrez ainsi la partie supérieure du ptérygoïdien interne et vous dégagez de sa très mince aponévrose la face superficielle de ce muscle fasciculé. C'est en haut et en dehors que l'aborde son nerf dont il faut dès maintenant suivre les ramifications entre les faisceaux.

Ne continuez pas votre préparation par la face profonde : vous y reviendrez seulement quand vous aurez reconnu le ptérygoïdien externe par sa face antérieure. Recouvrez donc d'un linge propre la région du

PLANCHE III.

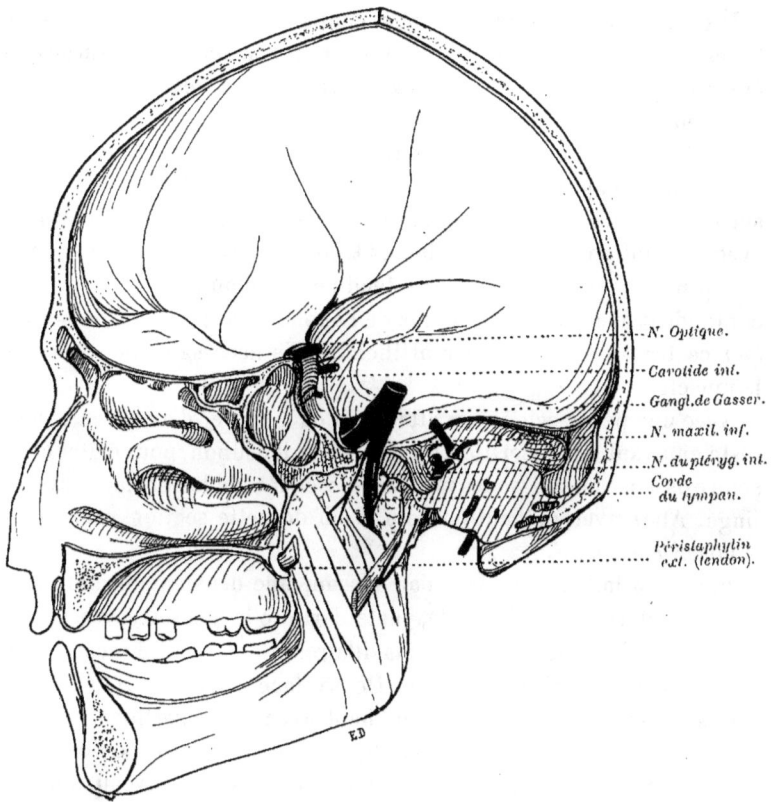

Après la seconde coupe à la scie, le nerf maxillaire inférieur est dégagé du trou ovale.

ptérygoïdien interne et retournez la pièce pour en aborder la face superficielle.

Relevez rapidement la peau de la face d'avant en arrière, en allant d'emblée jusqu'au masséter en bas, jusqu'à l'aponévrose temporale en haut.

Disséquez le masséter à longs coups de scapel parallèles à ses fibres, en les suivant de près : il n'y a rien à ménager à la surface ; le faisceau postérieur, plus vertical, sera un peu dégagé du faisceau antérieur et superficiel.

Au-dessus de l'arcade zygomatique, et au ras de l'os, incisez horizontalement l'aponévrose temporale dans toute sa largeur ; branchez sur le milieu de cette incision une deuxième section verticale et relevez avec précaution les deux lambeaux triangulaires ainsi dessinés ; allez très prudemment, car les fibres tendineuses d'où naît le temporal se confondent avec la face profonde de l'aponévrose : *ne poussez pas trop loin* ce travail qui est un peu artificiel, mais nécessaire pour montrer le muscle.

Avec une petite scie venez attaquer l'os malaire, d'avant en arrière, juste en avant des insertions du masséter ; il est bon, pour éviter que la sciure osseuse ne salisse les muscles disséqués, de les protéger avec un linge. Allez avec précaution vers la fin de cette section *pour ne pas entamer le temporal.*

Faites, à la scie plutôt qu'au ciseau, une deuxième section de la partie postérieure de l'arcade, juste derrière le masséter, c'est-à-dire devant l'articulation temporo-maxillaire. Renversez doucement en arrière l'arcade ainsi détachée. De sa face profonde naissent des fibres musculaires continues en haut avec les insertions massétérines, se jetant en bas sur l'apophyse coronoïde et se confondant là avec le tendon du temporal : coupez ces fibres à ce niveau, puis *décollez* le masséter le plus possible de la branche montante pour bien voir sa face profonde, ne laissant adhérentes que la partie inférieure et la partie postérieure du muscle.

Débarrassez-vous de la boule graisseuse de Bichat.

Pour découvrir le nerf massétérin, caché immédiatement par les

PLANCHE IV.

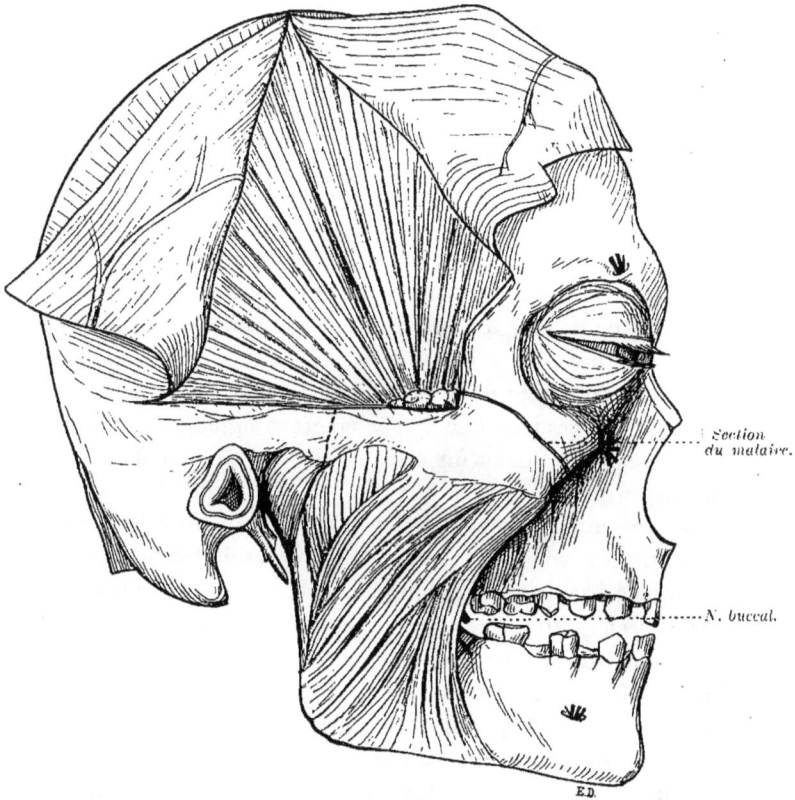

Section du malaire.

N. buccal.

La préparation est attaquée maintenant par sa face superficielle ; le malaire a été scié d'avant en arrière ; l'arcade zygomatique va être sectionnée au niveau du pointillé.

fibres charnues au milieu desquelles il s'enfonce au sortir de l'échancrure sigmoïde, incisez légèrement les fibres les plus élevées, perpendiculairement à leur direction, à *peu près à égale distance du bord inférieur de l'arcade zygomatique rabattue et du bord postérieur de l'apophyse coronoïde.* Vous apercevrez rapidement, dans une couche celluleuse, le cordon nerveux et les vaisseaux massétérins : sans vous occuper de ces derniers, suivez en descendant le tronc nerveux, incisant régulièrement sur lui les fibres charnues que vous rejetez en avant et en arrière, et cela jusqu'à l'extrémité inférieure du muscle.

Une dernière section osseuse est nécessaire : celle de la coronoïde. Elle est difficile à pratiquer régulièrement, l'*os étant cassant.* Commencez par amorcer la section osseuse, au moyen d'une mèche ou d'une petite fraise montée sur un vilebrequin, en creusant sur la ligne voulue une série de trous assez rapprochés; il faut que cette ligne, courbe ou coudée à angle droit, porte sur le bord antérieur de la branche montante, à 2 centimètres et demi sous la pointe de la coronoïde, et se dirige d'abord horizontalement en arrière pour remonter ensuite vers le milieu de l'échancrure sigmoïde. Réunissez les trous par quelques coups du ciseau, car la manœuvre d'une scie est impossible.

L'apophyse ainsi détachée, relevez-la en haut avec le tendon du temporal. Bientôt vous êtes arrêté, car les fibres du temporal adhèrent plus ou moins à celles du ptérygoïdien externe, quand elles ne se confondent pas en partie avec elles. Laissez-vous guider par l'interstice celluleux que vous apercevrez peut-être; de toute façon relevez le muscle *jusqu'au moment où vous rencontrerez l'os.*

Nettoyez aussi la face antérieure du ptérygoïdien externe, en commençant par son insertion maxillaire, sous l'arcade formée par le nerf massétérin; enlevez l'artère maxillaire interne et ses branches. En arrivant en dedans, vous voyez sortir, entre les deux faisceaux du ptérygoïdien, un assez gros rameau nerveux dont l'extrémité a déjà été sectionnée pendant la dissection : ce rameau, qui descend sur le faisceau inférieur du muscle, constitue le nerf buccal; le filet temporal antérieur, fourni par le temporo-buccal, s'est détaché immédia-

PLANCHE V.

*Boule grais.
de Bichat.*

N. massétérin.

*Section de l'ap.
coronoïde.*

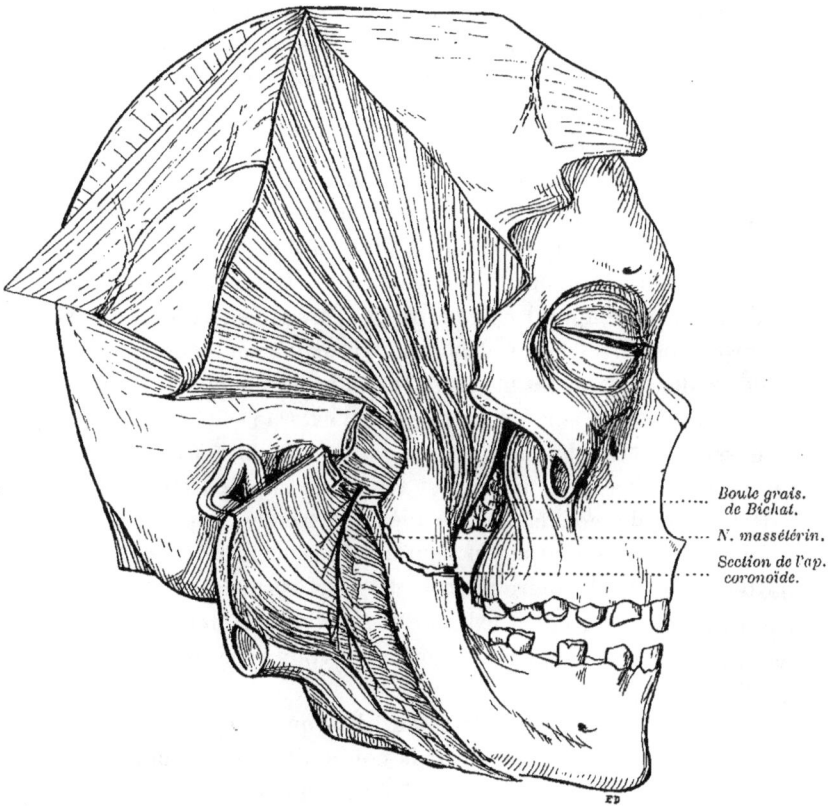

L'ARCADE ZYGOMATIQUE EST RABATTUE AVEC LE MASSÉTER;
LA CORONOÏDE DÉTACHÉE VA ÊTRE RELEVÉE.

HALLOPEAU et DOUAY.

7

tement après la sortie du ptérygoïdien externe pour gagner la partie antérieure du temporal. Parfois vous verrez de ce même tronc temporo-buccal naître un autre rameau qui se dirige en haut, en arrière et en dehors, entre la base du crâne et le muscle : c'est une anastomose rejoignant le nerf temporal moyen et *pouvant servir de guide* jusqu'à lui. Enfin, entre les deux faisceaux musculaires qu'il faut écarter, disséquez les filets courts et grêles destinés au ptérygoïdien externe.

Reprenez le nerf massétérin et remontez-le avec précaution : vous verrez naître un filet fort grêle, le nerf temporal postérieur, abordant les faisceaux postérieurs du temporal. Plus loin le nerf temporo-massétérin disparaît entre le ptérygoïdien externe et la base du crâne contre laquelle il est fixé par une aponévrose.

Sous cette même aponévrose et plus en dedans, venez enfin chercher, en refoulant en bas le ptérygoïdien externe qui là n'a pas d'insertion, le nerf temporal moyen, dirigé d'arrière en avant, collé contre la surface osseuse et se réfléchissant brusquement comme elle pour plonger dans la partie moyenne du muscle temporal. Il est parfois difficile de voir ce nerf; le ptérygoïdien externe se laisse difficilement abaisser : si vous le cherchez en vain, *n'insistez pas trop*, vous le retrouverez plus tard, au dernier temps de la préparation.

Retournez de nouveau votre pièce; disséquez rapidement ce que vous voyez du lingual et du dentaire inférieur; sacrifiez le segment postérieur de la maxillaire interne et le nerf auriculo-temporal; arrivez enfin sur le ptérygoïdien externe et nettoyez sa face interne et postérieure ainsi que la surface osseuse qui vous apparaît entre les ptérygoïdiens.

Vos muscles sont complètement disséqués, mais le ptérygoïdien externe reste flasque et sinueux; la continuité des branches nerveuses n'apparaît pas. Pour éviter ces défauts dans l'aspect de la préparation, *désarticulez* la temporo-maxillaire en l'attaquant d'arrière en avant et en passant *au-dessus* du ménisque, car il reçoit des insertions du ptérygoïdien externe : une fois la capsule coupée, vous voyez ce muscle s'abaisser *avec la plus grande facilité*, se séparant de la base du crâne, exposant ainsi parfaitement le passage jusque-là invisible des

PLANCHE VI.

N. temp. post.
Tronc temp.-
massétérin.
N. temp. moy.
N. temp. ant.

Anast. et n. du
ptéryg. ext.
Tr. temporo-
buccal.
M. ptéryg. int.

ED

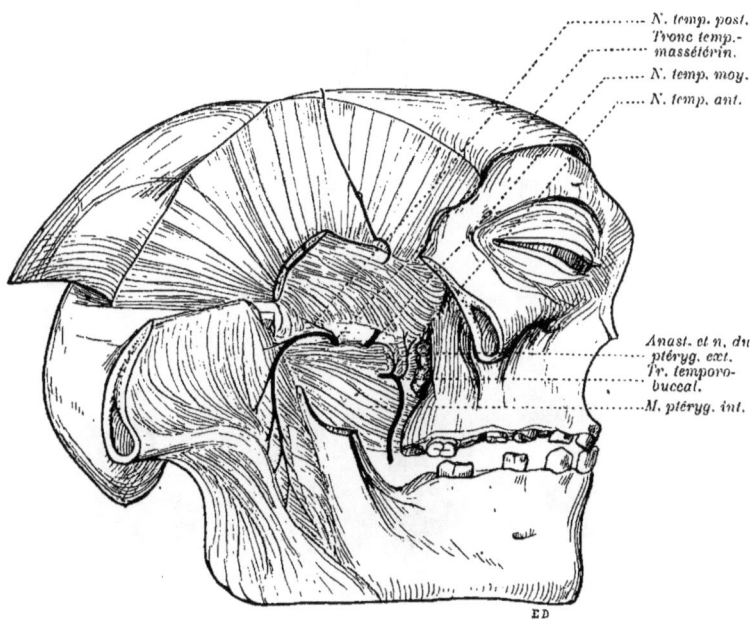

LE TEMPORAL EST RELEVÉ; SES NERFS APPARAISSENT.
(La tête est vue ici en raccourci pour montrer la face profonde du temporal.)

PLANCHE VII.

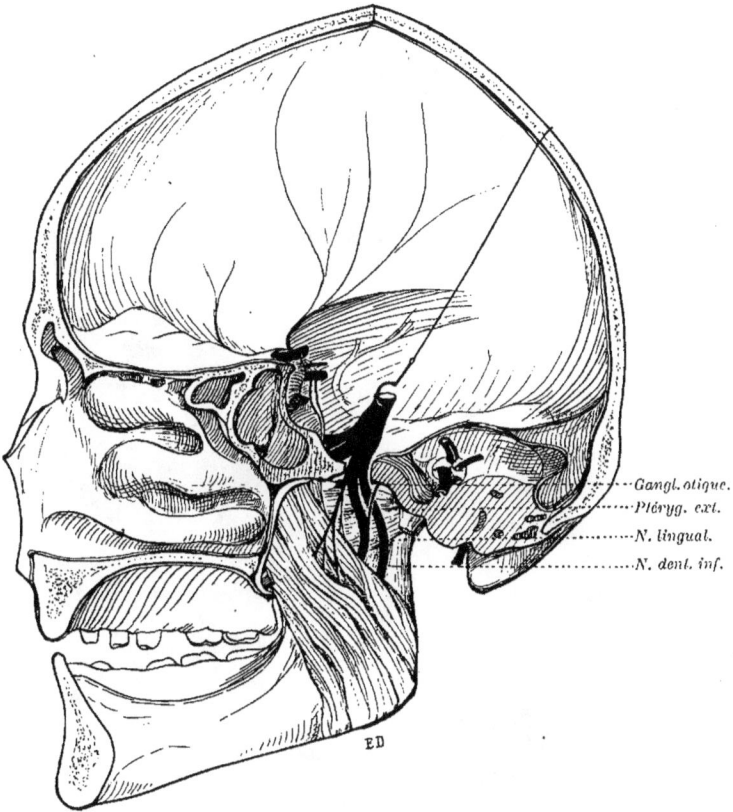

Gangl. otique.
Ptéryg. ext.
N. lingual.
N. dent. inf.

LA PRÉPARATION EST REPRISE PAR LA FACE PROFONDE.

Après dissection du nerf du ptérygoïdien interne, on va chercher la face postérieure
du ptérygoïdien externe.

nerfs temporo-massétérin et temporal moyen. Si vous n'aviez pu voir encore ce dernier filet, il apparaît maintenant très nettement et il devient facile de le suivre depuis son origine sur le nerf maxillaire inférieur. Vous pouvez vous contenter de montrer ce trajet; il vaut mieux le suivre dans le temporal en sectionnant celui-ci en avant de la coronoïde, suivant une direction d'abord oblique de bas en haut et d'avant en arrière, puis en vous laissant guider par le rameau nerveux.

Ruginez complètement le crâne et le maxillaire *pour qu'il ne reste plus sur l'os que les insertions* de vos masticateurs.

Monter cette préparation est une chose assez délicate; ne le faites que s'il vous reste un temps assez long, ce qui est possible, car, malgré l'heure consacrée aux sections osseuses, la dissection est relativement courte.

PLANCHE VIII.

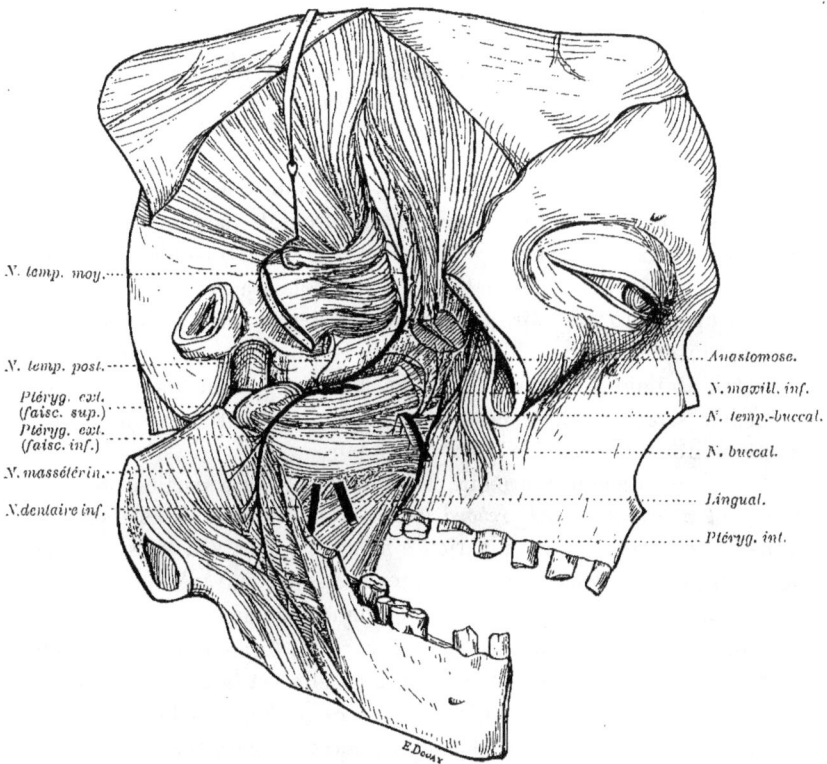

N. temp. moy.

N. temp. post.

Ptéryg. ext.
(faisc. sup.)
Ptéryg. ext.
(faisc. inf.)

N. massétérin.

N. dentaire inf.

Anastomose.

N. maxill. inf.

N. temp.-buccal.

N. buccal.

Lingual.

Ptéryg. int.

E. Douay

LA PRÉPARATION EST TERMINÉE.

Grâce à la désarticulation on aperçoit les nerfs temporaux depuis leur origine
sur le tronc maxillaire inférieur.

MUSCLES ET NERFS DE L'ORBITE

Commencez par désarticuler la tête, puis faites-en successivement une coupe médiane sagittale et une coupe frontale passant au milieu de la mastoïde. Sectionnez les téguments du front jusqu'à l'os, sur une ligne horizontale passant à environ trois travers de doigt au-dessus du rebord orbitaire; décollez ces téguments, *y compris le périoste*, jusque vers ce rebord. Avant de continuer, et pour vous faciliter les sections osseuses suivantes, qui demandent une certaine précision, sciez la calotte crânienne horizontalement à un travers de doigt environ au-dessus de l'arcade orbitaire.

Il faut maintenant reprendre le décollement des parties molles, *fortement adhérentes sur le rebord tranchant* de l'arcade; il est facile à la partie externe, car il n'y a rien à ménager; dans son tiers interne au contraire, n'avancez qu'avec précaution; en suivant l'os de très près vous apercevrez, à un moment donné, la partie supérieure de l'échancrure sus-orbitaire; celle-ci affecte une forme variable et peut présenter trois types principaux : ou bien elle est largement ouverte en bas; ou bien son contour externe se recourbe en dedans formant comme un crochet sous le nerf frontal externe et ce crochet, se réunissant au bord interne de l'échancrure par un pont fibreux, forme un canal ostéo-fibreux pour le passage du nerf; ou enfin c'est un véri-

PLANCHE I.

N.temporo-
malaire.

Echancrure
sus-orbitaire.

Tendon du
gr. oblique.

N. frontal.

ED

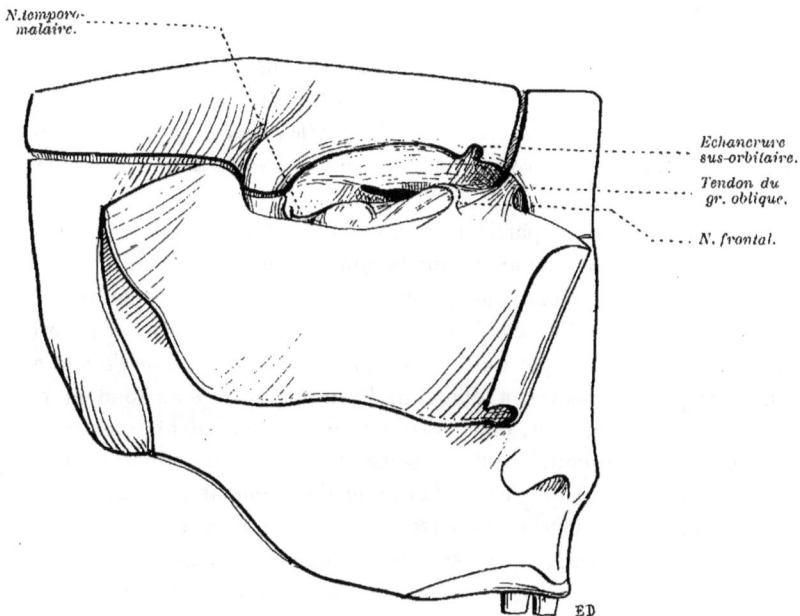

LES TÉGUMENTS ET LE PÉRIOSTE ONT ÉTÉ DÉCOLLÉS JUSQU'AU FOND DE L'ORBITE:
LA VOUTE SCIÉE EN DEUX POINTS VA ÊTRE DÉTACHÉE.

table trou perforant le rebord orbitaire. Dans le premier cas, rien n'est plus simple que d'abaisser le nerf sus-orbitaire ou frontal externe en même temps que les autres parties molles; dans le second, il faut, de la pointe du scalpel, couper le petit pont fibreux en prenant garde au nerf et dégager celui-ci du crochet; enfin, quand c'est un canal osseux, il faut, de deux petits coups de ciseau, en faire sauter le bord inférieur.

Le nerf ainsi dégagé, continuez le décollement vers l'apophyse orbitaire interne, *en redoublant de précautions*; vous êtes rapidement arrêté par une adhérence plus forte, fibreuse, de laquelle vous voyez parfois dès ce moment s'échapper un petit cordon arrondi, le tendon du grand oblique; il faut *respecter cette poulie fibreuse*, qui soutiendra la partie interne de la préparation et arrêter ici votre travail de décollement.

Reprenez-le sur la partie moyenne et, restant toujours au contact même de l'os, séparez tout le contenu de l'orbite de la voûte osseuse, soit avec le manche du scalpel, soit tout simplement avec le doigt : c'est très facile, car l'adhérence, si forte au niveau du rebord orbitaire, est ici presque nulle. Allez ainsi *jusqu'au fond de l'orbite* et abaissez prudemment son contenu. Prenez garde qu'au fond et en dehors le lacrymal peut, dans certains cas, heureusement assez rares, se creuser dans cette voûte osseuse un véritable tunnel de 15 à 20 millimètres, ce qui empêcherait le décollement à ce niveau et nécessiterait une section osseuse spéciale. Si rien ne vous arrête, continuez à séparer le périoste de la partie supérieure de la paroi externe; vous êtes bientôt *arrêté en avant* par l'insertion palpébrale; un peu plus en arrière, par un filet nerveux qui perfore le périoste décollé et disparaît dans un orifice de la paroi externe : c'est le nerf temporo-malaire.

Prenez maintenant une scie de petites dimensions; faites une section verticale portant sur la partie interne de l'arcade orbitaire, *immédiatement en dehors de la poulie* du grand oblique; la scie, maniée dans le sens horizontal, doit viser en arrière l'extrémité interne de la fente sphénoïdale; grâce au refoulement du contenu orbitaire, vous pourrez ainsi traverser la voûte dans toute sa longueur. Cette section

PLANCHE II.

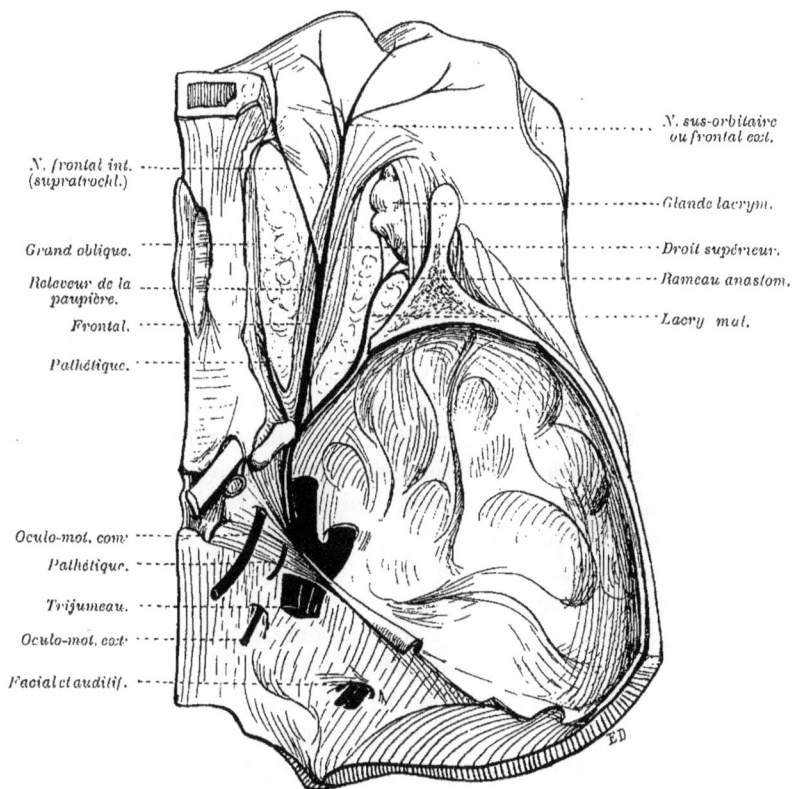

LES ORGANES SUPERFICIELS SONT DISSÉQUÉS.
Il va falloir chercher le nerf nasal sous le muscle grand oblique.

terminée *sans avoir lésé le contenu de la fente sphénoïdale*, faites-en une seconde, horizontale, passant juste au-dessus du nerf temporo-malaire, tandis que vous refoulez en dedans le contenu orbitaire. Lorsque vous avez rejoint en arrière l'extrémité externe de la fente sphénoïdale, un fragment osseux se détache qui représente les trois quarts externes de la voûte orbitaire et environ le tiers supérieur de la paroi externe : l'orbite est déjà largement accessible.

Achevez de dégager sa face supérieure en entamant avec une pince-gouge la mince paroi osseuse, depuis l'apophyse orbitaire interne, qu'il faut ménager, jusqu'en avant de l'apophyse clinoïde antérieure ; vous pouvez aller ainsi jusqu'au point où la paroi se recourbe pour devenir interne ; de toute façon ménagez les canaux ethmoïdaux dont vous apercevez dès maintenant l'orifice.

Ce travail préparatoire terminé, la dissection peut avancer très rapidement. Le périoste, assez mince, vous sépare du nerf frontal : incisez sur celui-ci dans le sens antéro-postérieur, et dégagez le nerf *d'arrière en avant* pour être sûr de ne pas blesser les filets qu'il abandonne en dedans, surtout le frontal interne ou supra-trochléaire que vous suivrez au-dessus de la poulie du grand oblique ; dans la peau du front, tendue horizontalement, suivez les ramifications du sus-orbitaire ou frontal externe.

En dehors cherchez de suite le nerf lacrymal qui se présente facile-ment, et suivez-le aussi d'avant en arrière, pour disséquer ses filets palpébraux et glandulaires et pour reconnaître immédiatement un rameau qui se détache *juste derrière l'extrémité externe de la glande*, puis se recourbe en bas, formant une anse à concavité postérieure, dont naîtra le nerf temporo-malaire ; ne cherchez pas encore à voir l'extrémité inférieure de cette anse, constituée par le rameau orbitaire du nerf maxillaire supérieur.

Enfin, à la partie interne, disséquez le muscle grand oblique : vous le voyez abordé par un petit nerf, le pathétique, que vous isolez avec précaution ; en arrière, au niveau de la fente sphénoïdale, il passe en effet *dans un tissu fibreux dense* qui le fixe au-dessus et un peu en de-

PLANCHE III.

Nasal ext.
(infra-troch.)

Frontal.

Nasal int.
(N.ethmoïd.)

N. ciliaires.

Ganglion
ophtalm.

N. du droit
int.

Pathétique.
N. du droit
inf.

N. du petit
oblique.

Br. sup. de
l'oc.-mot.
com.

Lacrymal.

E.D

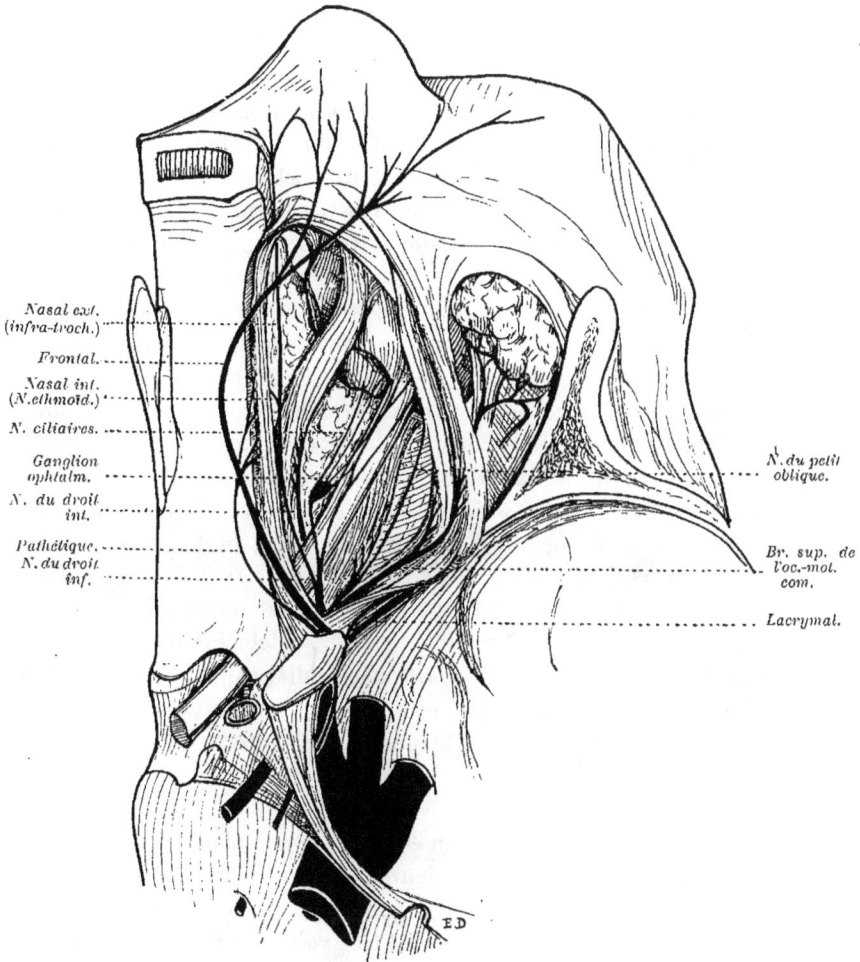

TOUS LES ORGANES SONT DÉCOUVERTS.
La conjonctive va être enlevée pour les éclairer par dessous.

dans du frontal et juste au-dessus de l'anneau de Zinn auquel il est extérieur.

Écartez en dedans le nerf frontal ; vous pourrez disséquer deux muscles sur lesquels il passait : le releveur de la paupière supérieure et le droit supérieur, ce dernier sous-jacent au précédent qu'il déborde en dehors ; à leur bord interne, cherchez le filet du releveur ; en remontant ce filet vous trouverez facilement celui qui aborde le muscle droit par sa face profonde et dans sa partie postérieure.

Écartez ces muscles en dehors avec le nerf frontal, pendant que vous attirez en dedans le grand oblique : vous voyez, presque sous ce muscle, passer le nerf nasal ; en avant, il est facile à suivre avec son filet nasal interne ou ethmoïdal, que vous voyez s'engager dans le canal osseux, et avec son filet nasal externe, infra-trochléaire dont il faut disséquer dans la peau l'anastomose avec le supra-trochléaire. En arrière, *redoublez de précautions* : vous verrez en retirant peu à peu la graisse molle, abondante et finement lobulée qui noie tous les organes, apparaître de très grêles filets qui se dirigent en avant et un peu en dehors ; *les uns se superposent* au nerf optique et l'accompagnent jusque vers le globe oculaire : ce sont les longs nerfs ciliaires ; un autre, *plus interne*, gagne un petit corpuscule *situé en dedans et un peu au-dessus du nerf optique*, en rapport avec l'artère ophtalmique : c'est le ganglion ophtalmique dont vous verrez se détacher en avant des rameaux très grêles aussi, les courts nerfs ciliaires ; c'est là le temps le plus délicat de la préparation ; ce qui reste à faire est aisé.

Sous le nerf nasal, disséquez le muscle droit interne et le nerf appliqué contre lui.

Revenez à la région externe, en écartant maintenant en dedans le frontal et les deux muscles supérieurs, tandis que le lacrymal reste en dehors. Dégagez successivement le droit externe et son nerf le moteur oculaire externe, relativement très volumineux, puis le droit inférieur sur la partie postérieure duquel arrive la branche que lui donne le moteur oculaire commun ; en dehors du muscle, une autre branche du même nerf traverse d'avant en arrière l'orbite pour rejoin-

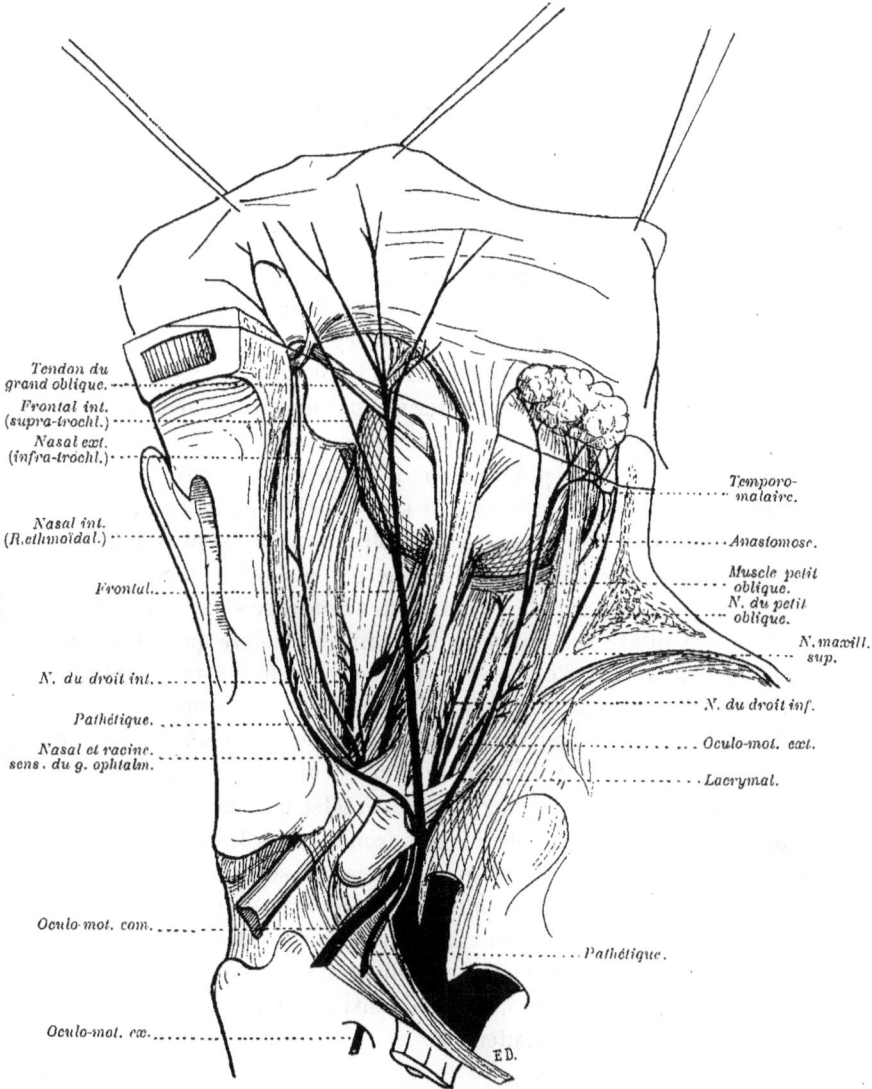

Tendon du
grand oblique.

Frontal int.
(supra-trochl.)

Nasal ext.
(infra-trochl.)

Nasal int.
(R.ethmoïdal.)

Frontal.

N. du droit int.

Pathétique.

Nasal et racine.
sens. du g. ophtalm.

Oculo-mot. com.

Oculo-mot. ext.

Temporo-
malaire.

Anastomose.

Muscle petit
oblique.
N. du petit
oblique.

N. maxill.
sup.

N. du droit inf.

Oculo-mot. ext.

Lacrymal.

Pathétique.

E.D.

LA PRÉPARATION EST TERMINÉE.
Un fil soulève les organes les plus superficiels.

dre un muscle dont vous apercevez sous le globe oculaire l'extrémité externe presque transversale : c'est le petit oblique.

Nettoyez complètement le globe oculaire et en particulier les insertions des muscles, vous arrivez ainsi jusqu'à l'insertion de la conjonctive, *sectionnez celle-ci par devant* après avoir enlevé la paupière inférieure, la supérieure restant fixée à ses deux extrémités ; vous pourrez, d'avant en arrière, pénétrer dans l'orbite et achever de dégager le muscle petit oblique ; de plus, *la région inférieure étant maintenant bien éclairée*, vous pourrez reconnaître dans la partie postérieure du plancher le nerf maxillaire supérieur et disséquer son filet orbitaire jusqu'à l'anastomose avec le lacrymal.

Si vous en avez le temps, poursuivez les nerfs en arrière de la fente sphénoïdale, dans la paroi externe du sinus caverneux où vous pourrez voir leurs rapports et leurs anastomoses.

Avant de monter la préparation, il importe de rendre à l'œil sa forme globulaire ; une injection au suif y arriverait facilement, mais le suif risque de baver et de souiller votre pièce. Il est plus simple et aussi plus pratique *de bourrer l'organe* par une petite incision de la sclérotique au voisinage de la cornée : ce bourrage s'effectue soit avec de l'ouate, soit avec un mince chiffon taillé en lanière que vous tassez fortement ; le fond de l'œil en sera un peu reporté en arrière et vous verrez le nerf optique prendre une forme légèrement sinueuse.

Fixez maintenant l'os sur un liège avec des poinçons ; tendez en avant, horizontalement, la peau du front recouverte des rameaux nerveux disséqués ; la glande lacrymale est restée un peu adhérente à la paupière. Faites passer sous le nerf frontal, sous le droit supérieur, sous le nerf lacrymal, un fil que vous nouez sous la pièce ; s'il est nécessaire enfin, fixez avec une épingle le bord supérieur du droit externe contre la partie postérieure de la paroi externe et attirez un peu en dedans l'extrémité postérieure du grand oblique. Grâce à l'éclairage supérieur et antérieur que reçoit ainsi la cavité orbitaire, tous les organes apparaissent parfaitement.

TABLE DES MATIÈRES

PARIS

IMPRIMERIE GÉNÉRALE LAHURE

9, RUE DE FLEURUS, 9